PHOTOSHOP
レタッチの
超時短レシピ

最短ルートで魅力的なビジュアルに
仕上げるデザインテクニック集

Corey Barker 著

【演習用ダウンロードデータについて】

本書の演習で使用されている画像ファイルの多くは、Adobe Stockをはじめとする「ストックフォト」サービスで入手可能ですが、バージョンなどの関係でサービスを利用できない方のために、**本書の演習目的でのみ使用可能**な低解像度版のサンプルファイルを以下のウェブページにて提供しています。サイトに記載されている利用規約を必ずお読みのうえ、正しくご使用ください。

https://kelbyone.com/books/psdesignbook/

【本書の書籍情報について】

本書に関する情報は、ボーンデジタルのウェブサイト（下記URL）の本書の書籍ページにてご覧いただけます。出版日以降に発見された誤植やその他の追加情報もこちらでご確認ください。

http://www.borndigital.co.jp/

[Original English Edition]

#KelbyOneBooks

The Photoshop Tricks
for Designers Book Team

Managing Editor
Kim Doty

Technical Editor
Cindy Snyder

Art Director
Jessica Maldonado

本書を父に捧げます。

私の中にアーティストとしての素質を見い出し、
その道を開いてくれたのは父でした。ありがとう、お父さん！

著者紹介

コリー・バーカー

コリー・バーカーがPhotoshopのインストラクターとして名をはせるようになったのはここ10年ほどですが、実際の彼のPhotoshop歴は20年に及びます。バージョン2.0以降、コリーは全バージョンのPhotoshopをマスターしてきました。そして最新バージョンを使ったテクニックの指導を通じて、インスピレーションの源であり続けています。コリーがPhotoshopと出会ったのは、イラストレーションの学位取得のために通っていたリングリングカレッジ アート&デザインの4年生のときです。名匠が運命のツールを見つけた瞬間でした。

その後、コリーは受賞歴のあるデザイナーおよび指導者としてさまざまな分野で活躍するようになります。2006年、彼は人気のビデオキャスト「Photoshop User TV」のPhotoshop Guysに加わりました。また、雑誌『Photoshop User』に定期的にコラム「Down & Dirty Tricks」を寄稿して好評を博し、ベストセラー本「Photoshop Down & Dirty Tricks for Designers」の初巻および第2巻も執筆しました。講師としては、Down & Dirty Tricksセミナーツアーで全国何千人ものデザイナー向けに講演を行ったことに加えて、Photoshop World ConferenceやAdobe MAXなどのライブイベントにも参加しています。

コリーは最近、Photoshopの教育への貢献が認められ、Photoshop Hall of Fameの殿堂入りを果たしました。現在もなお、オンライントレーニング、書籍、記事、トレーニングイベントなどを通じてインスピレーションを与え続けています。さらに近年は、PhotoshopMasterFX.comという、Photoshopのデザインおよびエフェクトのオンライントレーニングサイトを立ち上げ、素晴らしい画像と一段階上のトレーニングによってPhotoshopと創造性を最大限に活かす支援をしています。

コリーについてさらに知りたい場合は、以下にアクセスしてください。

- **Webサイト**：PhotoshopMasterFX.com
- **Facebook**：www.facebook.com/coreyps3D
- **Instagram**：@coreyps3D
- **Twitter**：@coreyps3D
- **YouTube**：www.youtube.com/user/cbarker33

目次

e laudantium, totam rem aperiam
explicabo. Nemo enim ipsam
lores eos qui ratione voluptatem
etur, adipisci velit, sed quia non
STAND OUT
tatem.
dolore magna aliqua.
nsequat. Duis aute irure dolor in reprehenderit
t cupidatat non proident
error sit voluptatem

COOL
CALCULATED
COMICAL
SHANGHAI
ASSASSIN

本書についての7つの質問と回答

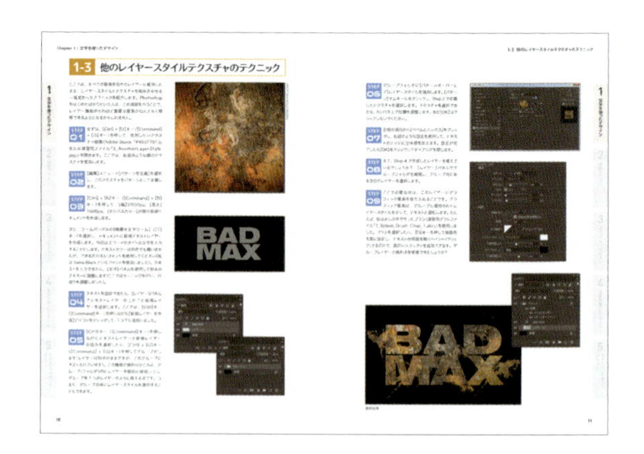

(1) 本書の対象読者は?

本書の対象読者は、現役のデザイナーやアーティスト、フォトグラファー、Photoshop 愛好家といった方々です。「テクニックを手早く確認したい」「手持ちの素材(リソース)の活用方法を詳しく知りたい」「ちょっとしたインスピレーションが欲しい」「デザインの引き出しを増やしたい」ときなどにご活用ください。

(2) 本書の難易度は?

本書は中〜上級レベルのユーザーを想定しており、特にハリウッドスタイルや3Dのエフェクトを扱う後半の章は難易度が高めです。しかし、手順は基本的にステップ形式になっているため、Photoshopの基本的な仕組みと操作方法についての知識・スキルがあれば、初級者であっても問題なく演習を進めることができるはずです。

(3) 本書で使われているフォントは?

本書では、テキストを扱った演習も数多く含まれています。また、その中の一部には、Adobe Typekit で入手可能なフォントも含まれています。Adobe Typekit は Adobe Creative Cloud に含まれるフォントサービスで、フォントをデスクトップアプリケーションに同期することができます。ただし、このサービスを利用できるのは、Creative Cloud のサブスクリプションを契約している方のみです。もし入手が難しいフォントが出てきた場合は、各自でお持ちのフォントで代用していただくことをおすすめします。

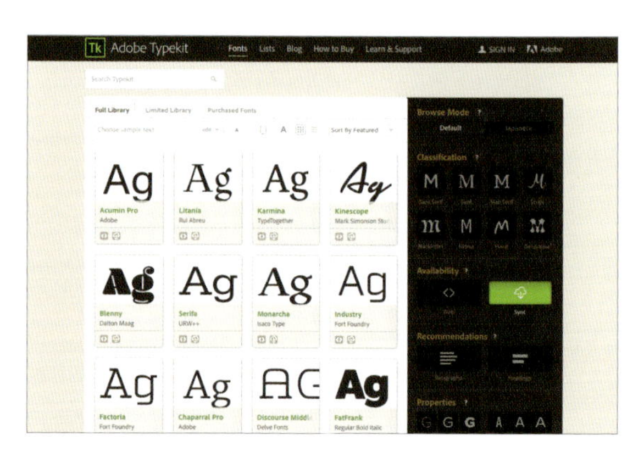

(4) 本書に必要なPhotoshopのバージョンは?

本書の演習は、すべて Photoshop CC 2017 で作成しています。本書で紹介するテクニックの多くは Photoshop の一部の旧バージョンでも実行可能ですが、インターフェースや一部の機能はバージョンごとに異なります。演習中に本書のキャプチャ画像との違いを感じたら、必要に応じてインターネットで機能や疑問点をお調べいただくことをおすすめします。また、Creative Cloud のサブスクリプションを契約している方については、最新バージョンを入手していただくことをおすすめします。

(5) 演習用ファイルのダウンロード方法は?

本書の演習で使用されている画像ファイルの多くは、Adobe Stock をはじめとする「ストックフォト」サービスで入手可能ですが、バージョンなどの関係でサービスを利用できない方のために、**本書の演習目的でのみ使用可能**な低解像度版のサンプルファイルを以下のウェブページにて提供しています。サイトに記載されている利用規約を必ずお読みのうえ、正しくご使用ください。

https://kelbyone.com/books/psdesignbook/

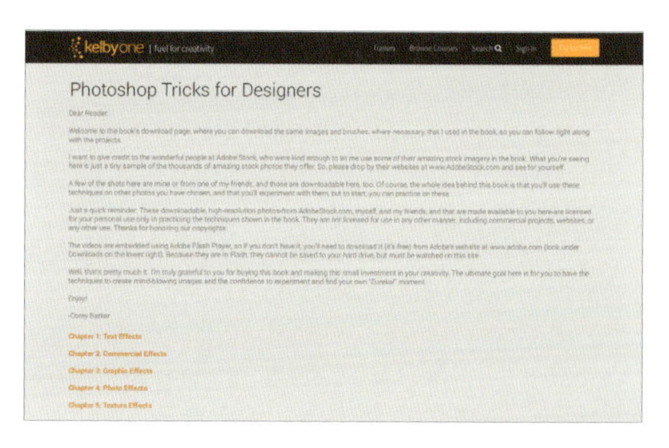

(6) ストック画像の入手方法は?

私は、自分のカメラや携帯電話で撮影した画像を使うこともありますが、ストック画像の使用にもかなり積極的です。前項でも書いたとおり、本書では Adobe Stock（前身はFotolia.com）のストック画像を多く使っています。この素晴らしいサービスの最大の特長は、Creative Cloud に完全に統合されている点です（料金は別途発生します）。また、Creative Cloud に加入すると、はじめに 10 点の Adobe Stock 通常アセットを無償で利用可能です（2017 年 3 月時点の情報）。是非利用してみてください。

(7) 他にお勧めのストックフォトサービスは?

本書では利用していませんが、Adobe Stock 以外にも私が時々利用しているサービスを皆さんにご紹介します。デザイナーとしてなるべく多くのリソースを利用できるようにしておくことは非常に重要なことです。ただし、これらのサービスの利用については、すべてご自身の判断と責任でご利用ください。

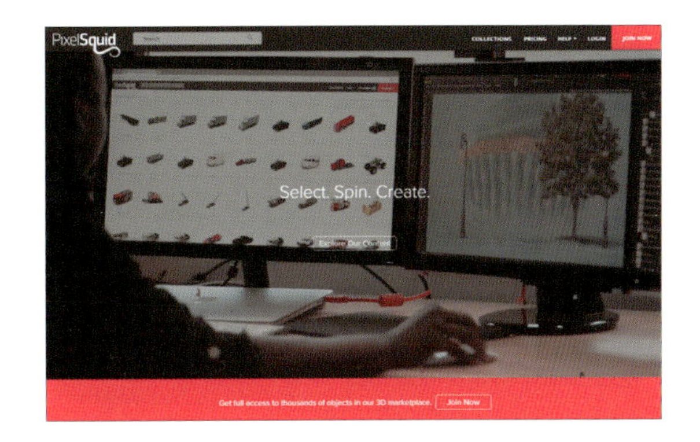

PixelSquid.com：TurboSquid.com の皆さんが、Photoshop 専用に作られた 3D オブジェクトのためのサービスを立ち上げました。ただし、Photoshop の 3D 機能を通常のやり方で使用するのではありません。特殊なプラグインを使って、3D オブジェクトを Photoshop のデザインに読み込みます。オブジェクトの角度をコントロールできるのは、プラグインウィンドウでのみです。本書の執筆時点ではこのサービスは無償ですが、変更する可能性がある点にご注意ください。

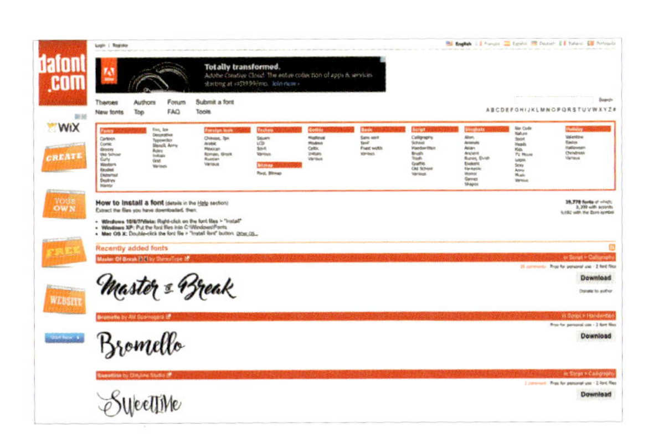

DaFont.com：Typekit はユーザーフレンドリーでしっかりとしたフォントライブラリですが、より様式化された独特なフォントが欲しいとき、私はこのサービスも利用します。こちらのフォントは無償ですが、フォントごとに利用規約があるので注意してください。

Archive3D.net：Photoshop には、ゼロから 3D オブジェクトやエフェクトを作成するための大変優れた機能がありますが、他のアプリケーションで作られた 3D オブジェクトを読み込むこともできます。私が愛用しているサービスの 1 つが Archive3D.net です。クールな 3D モデルが豊富に用意されており、本書の執筆時点では、すべて無償で Photoshop に読み込めます。ただし、Photoshop に読み込んだモデルの中には正常に機能しないものもあるので注意してください。たいていは問題ありませんが、一部破損していたり不足しているケースもあります。調整して使用できるようになることもあれば、どうにもならない場合もあり、無償提供であるが故のリスクと言えます。

CHAPTER
ONE

文字を使ったデザイン

テキスト（文字）を扱う作業は、デザイナーにとっての基本であり必須スキルでもあります。そして
Photoshop を使用すれば、これまでには考えられなかった多くのデザインが可能になります。この章では、
デザイン要素としてのテキストについてよりクリエイティブに考えるためのテクニックを紹介します。

1-1 石器時代風のテキスト

ここで紹介するエフェクトは、**「ジュラシック・ワールド」（原題：Jurassic World）**からインスピレーションを得て考えたものです。テクスチャとレイヤースタイルを組み合わせたテクニックで、非常に面白い結果が得られます。

©ADOBE STOCK/AVANTGARDE

STEP 01 Photoshopを起動したら、[Ctrl] + [O]キー（[Command] + [O]キー）を押して、ベースとして使用したいテクスチャ画像（Adobe Stock「#55894367」または演習用ファイル「1_StoneAgeText.jpg」）を開きます。似たようなイメージのものであれば、ご自身で用意された画像でも構いません。

STEP 02 [編集]メニュー>[パターンを定義]を選択します。ダイアログが表示されたら、新規パターンに適宜名前を付け、[OK]をクリックします。

STEP 03 [Ctrl] + [N]キー（[Command] + [N]キー）を押して、[幅]2000px、[高さ]1000px、[カンバスカラー]が黒の新規ドキュメントを作成します。

STEP 04 [横書き文字ツール]（[T]キー）を選択し、[D]キー→[X]キーの順にキーを押して描画色を白に設定します。次に、カンバス内をクリック（またはドラッグ）して新しいテキストレイヤーを作成します。今回はできるだけ多くのテクスチャを見せたいので、太めのフォントを使用し、右図のようにテキストを入力します（参考までに、私は「BT Machine」というフォントを使用しました）。テキストの入力ができたら、必要に応じて[文字]パネル（[ウィンドウ]>[文字]）で細かい調整を行います（ここでは、1段目のワード（STONE）の横幅に合わせて、2段目をカーニングしました）。

STEP 05 テキストレイヤーを選択したら、[レイヤー]パネル下部にある[レイヤースタイルを追加]アイコンをクリックして、[パターンオーバーレイ]を選択します。[レイヤースタイル]ダイアログが開いたら、[パターン]サムネールをクリックし、Step 2で定義しておいたテクスチャを選択します（おそらく最後尾にあるはずです）。テクスチャを選択できたら、カンバス内をドラッグして、テキストが好みの見た目になるまでテクスチャを移動します。配置が終わったら[OK]をクリックしてダイアログを閉じます。

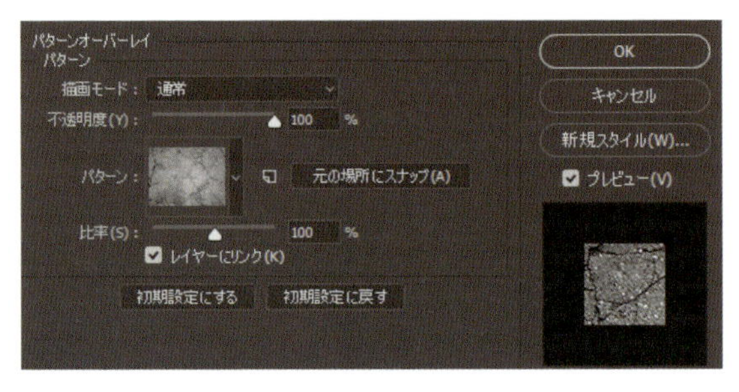

STEP 06 [Ctrl] + [J]キー（[Command] + [J]キー）を押して、テキストレイヤーを複製します。

STEP 07 [レイヤー]パネルで、この複製レイヤーに適用されているレイヤースタイルをダブルクリックして再度[レイヤースタイル]ダイアログを開きます。左側の項目から[ベベルとエンボス]を選択し、各パラメーターを右図のように設定します。ただし、これらの設定値は使用しているテキストフォントやサイズ、あるいはテクスチャ画像などによっても変わってくるため、あくまで目安としてください。外観としては、文字をノミで彫刻したようなイメージになるよう調整すると良いです。調整が完了したら、[OK]をクリックしてダイアログを閉じます。

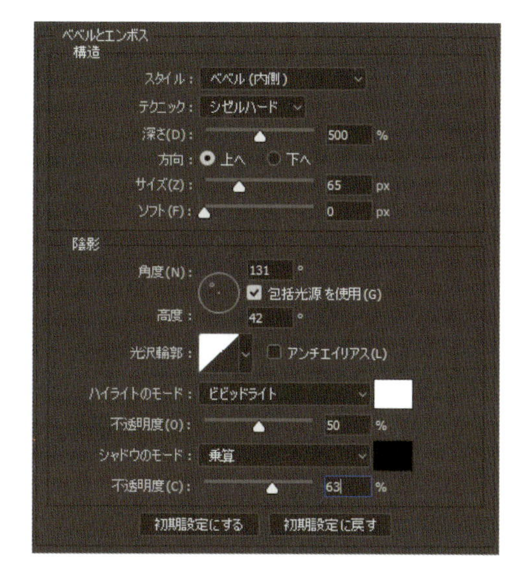

STEP 08 次に、[レイヤー]パネル下部にある[レイヤーマスクを追加]アイコンをクリックして、このレイヤーにマスクを追加します。ツールボックスから[ブラシツール]（[B]キー）を選択し、オプションバーのブラシピッカーで、下図のようなシンプルなブラシ(デフォルトのブラシセットの１つ)を選択します。[ブラシ]パネル([ウィンドウ]>[ブラシ])を開き、[ブラシ先端のシェイプ]で[間隔]を約 50%に設定します。左側の項目で[シェイプ]をクリックして、[サイズのジッター]と[真円率のジッター]を0%、[角度のジッター]を 100%に設定します。最後に、オプションバーの[筆圧]アイコン(一番右)がオフになっていることを確認します(本書では、筆圧設定を使用する際は[ブラシ]パネルのほうで切り替えの指示をします)。

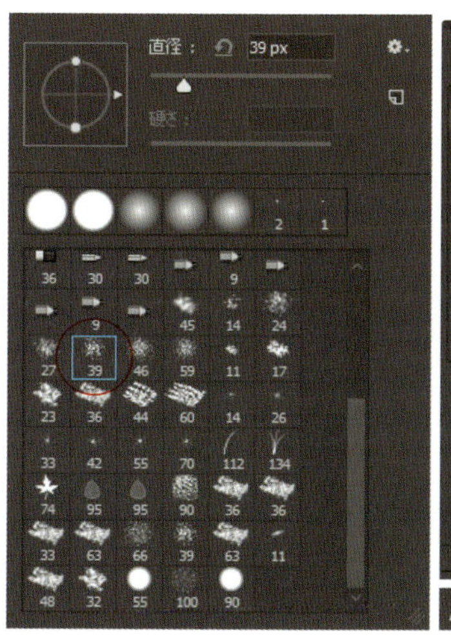

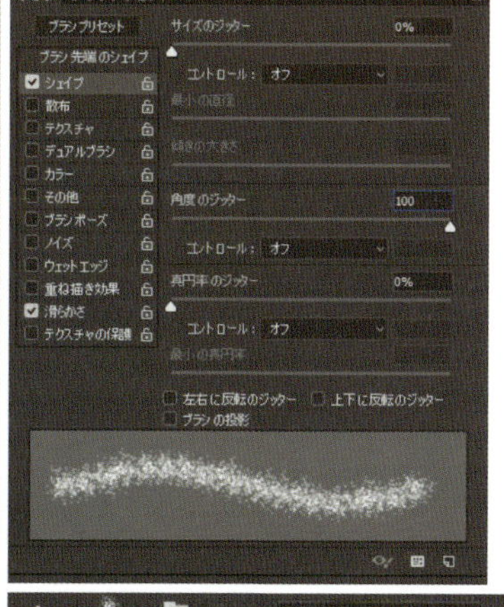

STEP 09 描画色が黒に設定されていることと、レイヤーマスクが選択されていることを確認し、カンバス内のテキスト領域の各部を、ブラシサイズを変更しながら無作為にクリックします（やり過ぎないように注意してください）。

STEP 10 ［レイヤー］パネルの一番上に新規レイヤーを追加します。1つ下のレイヤー（複製レイヤー）の右端にある「fx」アイコンを、［Alt］キー（［Option］キー）を押しながら上の新規レイヤーまでドラッグ＆ドロップします。新しいレイヤーにレイヤースタイルがコピーされていることを確認します。

STEP 11 作成した粒子風のブラシを使い、テキストの欠けた領域の周囲を軽くクリックして、落下する破片やほこりといった要素を追加します。また Chapter 1 のダウンロードファイルには、ブラシのツールプリセットファイル（1_Particle Brushes Tool Preset.tpl）が入っているので、このプリセットに含まれている Particle Effect ブラシを使用しても構いません。オプションバーのツールプリセットピッカー（一番左のアイコン）を開き、右上の歯車アイコンの［ツールプリセットの読み込み］からツールプリセットを読み込むことができます。

STEP 12 次に、一番下にある[背景]レイヤーを複製します。この複製レイヤーに[パターンオーバーレイ]レイヤースタイルを追加し、テキストに使用したのと同じ[パターン]（定義した石のテクスチャ）を設定して、[不透明度]を75%に下げます。

さらに、左側の項目から[グラデーションオーバーレイ]をクリックして、[描画モード]を[乗算]、[不透明度]を75%、[グラデーション]を[黒、白]、[スタイル]を[円形]、[逆方向]チェックボックスをオン、[比率]を115%に設定します。最後にカンバス内を直接ドラッグして、グラデーションを好みの位置に配置します。配置が完了したら[OK]をクリックしてダイアログを閉じます。

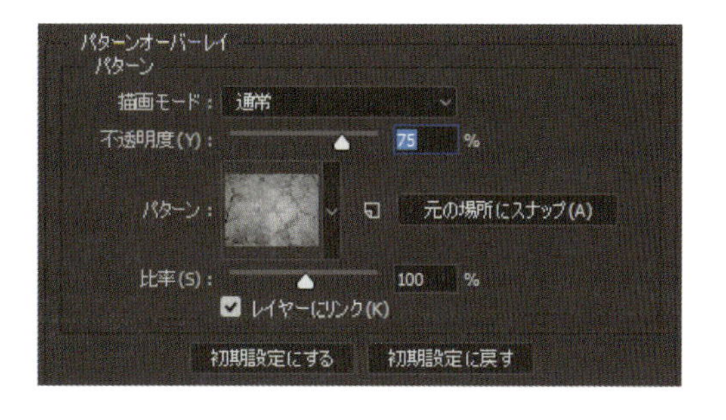

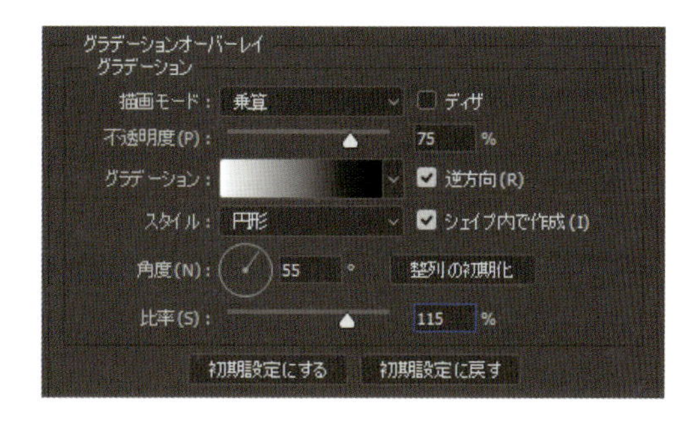

STEP 13 最初に作成したテキストレイヤーを選択し、[ドロップシャドウ]レイヤースタイルを追加します。[不透明度]［距離］［スプレッド］[サイズ]といった各設定を適宜調整して、背景に立体感を加えます。最後の仕上げとして、複製のテキストレイヤーに[カラーオーバーレイ]レイヤースタイルを追加して、背景と文字をよりはっきりと分けます。ここでは、オレンジ色を使い、[描画モード]を[オーバーレイ]に設定し、[不透明度]を50%程度に下げました。一番上のレイヤーにも[カラーオーバーレイ]レイヤースタイルを追加すると、全体がより馴染むので試してみても良いです。

最終結果

1-2 ハイライトしたテキストオーバーレイ

ここではスポーツをテーマにしたポスターの中でも、被写体写真にスタイリッシュに調和したテキストオーバーレイのテクニックを紹介します。このテクニックは他にもさまざまなテーマに応用が利くため、是非試してみてください。

STEP 01 [Ctrl] + [O]キー ([Command] + [O]キー)を押して、メインの被写体写真(Adobe Stock「#28248192」または演習用ファイル「2_HighlighedTextOverlay.jpg」)を開きます。ここでのテーマは、バスケットボールのポスターです。

STEP 02 次に[Ctrl] + [N]キー ([Command] + [N]キー)を押して、[幅]1200px、[高さ]1700px、[カンバスカラー]が白の新規ドキュメントを作成します。

Step 1 で開いた被写体写真のドキュメントに戻り、[レイヤー]パネルで被写体写真のレイヤーをつかんで、ここで作成した新規ドキュメントへドラッグ&ドロップします。これにより、被写体レイヤーが新しいドキュメントにコピーされます(本書では、以降の演習でもこの方法を多用します)。[Ctrl] + [T]キー ([Command] + [T]キー)を押して[自由変形]をアクティブにし、適宜画像をスケールおよび回転して、最終的な位置に配置します。配置が完了したら、[Enter]キー ([Return]キー)を押して編集を確定します。

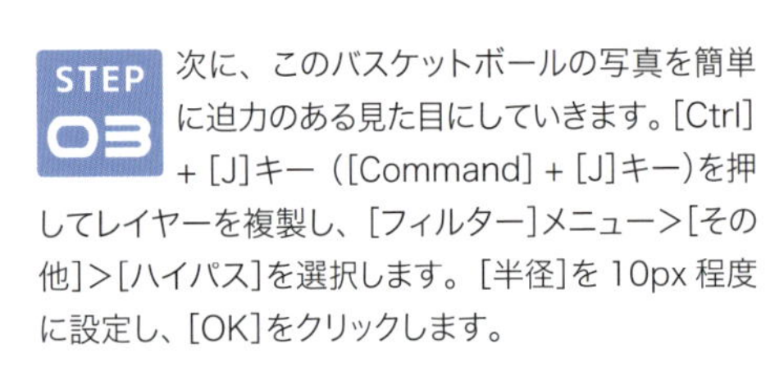

STEP 03 次に、このバスケットボールの写真を簡単に迫力のある見た目にしていきます。[Ctrl] + [J]キー ([Command] + [J]キー)を押してレイヤーを複製し、[フィルター]メニュー>[その他]>[ハイパス]を選択します。[半径]を 10px 程度に設定し、[OK]をクリックします。

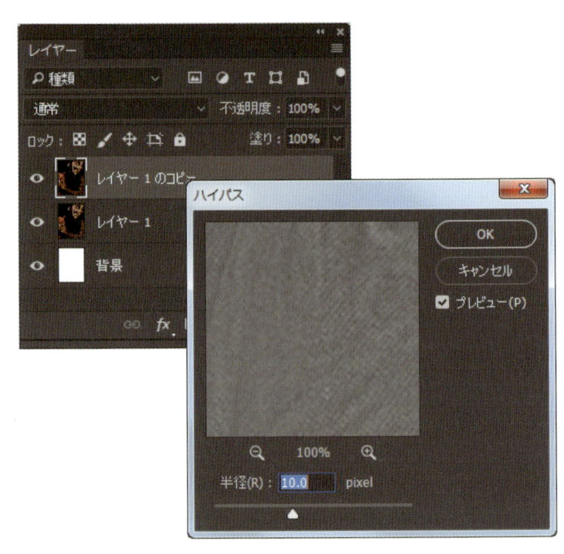

STEP 04 このレイヤーの描画モードを[オーバーレイ]に設定します。これにより、画像がシャープになり、被写体のコントラストが上がります。

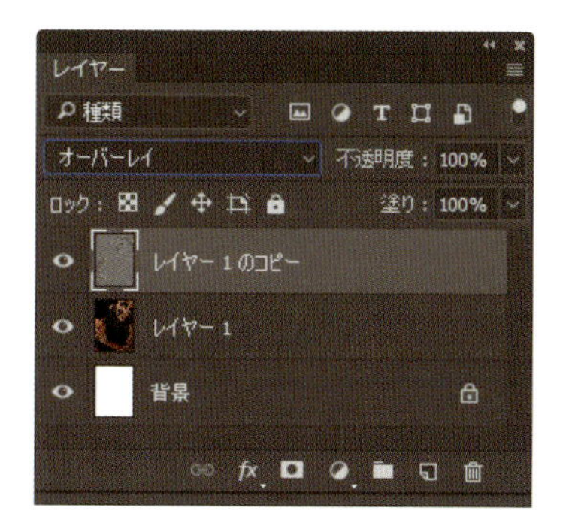

STEP 05 画像に色を付けていきましょう。[レイヤー]パネルで一番上のレイヤーが選択されていることを確認し、パネル下部の[塗りつぶしまたは調整レイヤーを新規作成]アイコンをクリックして、[白黒]を選択します。

STEP 06 [属性]パネルで、上部の[着色]チェックボックスをオンにし、右側のスウォッチをクリックしてカラーピッカーを開きます。ベースの背景色(ここでは、金色(R=174、G=127、B=15))を選択し、[OK]をクリックします。

STEP 07 着色カラーを設定した後でも、下のさまざまなカラースライダを使用して、画像のカラーの範囲に合わせた強さに調整できます。たとえば、[レッド系]の量を増やすと、シャドウ領域が明るくなるため、描画色がよりはっきりします。好みのイメージになるまで、その他のスライダも調整してみてください。また、これは調整レイヤーなので、後からいつでも変更が可能です。

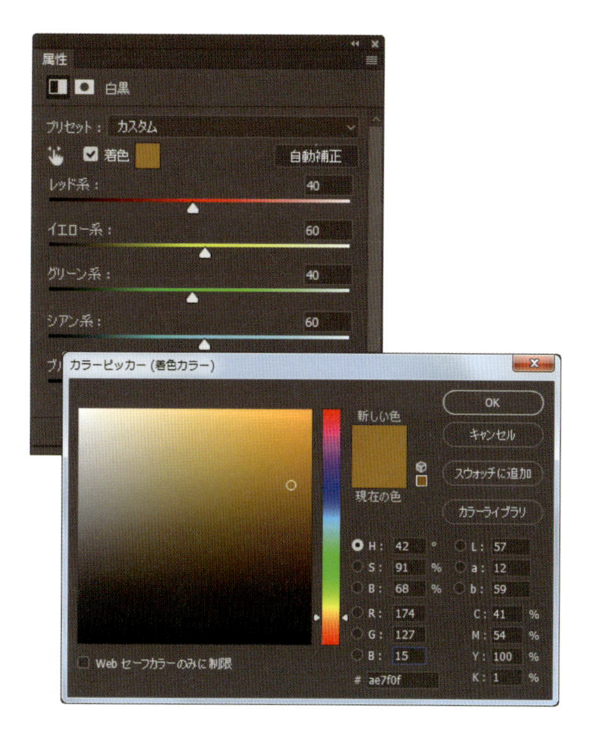

STEP 08 [レイヤー]パネルで元の被写体レイヤーを選択し、[不透明度]を55%に下げます。

STEP 09 [表示]メニュー>[新規ガイドレイアウトを作成]を選択します。[列]のチェックボックスをオフ、[マージン]のチェックボックスをオンにし、すべての辺を100pxに設定します。[OK]をクリックします。このとき、表示単位が「px」以外になっている場合は、この手順を行う前に[編集]メニュー>[環境設定]>[単位・定規]ダイアログを開き、[定規]の単位を[pixel]に設定しておきます。

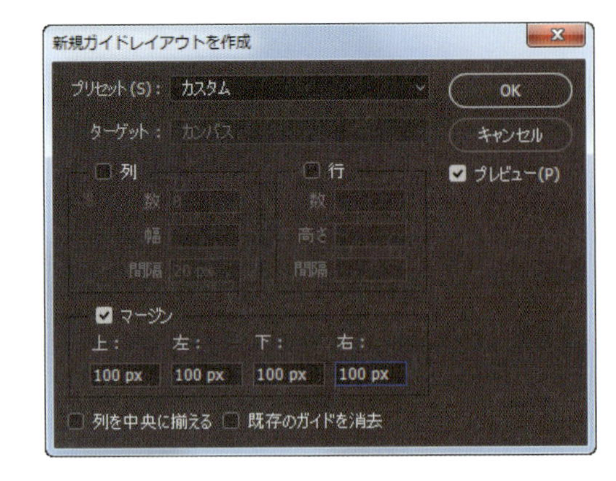

STEP 10 ツールボックスから[横書き文字ツール]([T]キー)を選択します。次に、左上のガイドの交点を基準に、ドラッグでテキストボックスを作成します。オプションバーで適宜フォントを選択し、テーマに合わせてテキストを入力します。ここでは「Futura Medium」というフォントを使用し、「BASKETBALL」というテキストを入れました。

STEP 11 さらに、右図のように単語を3行に分け、フォントサイズを変更し、均等に収まるようにカーニングしています。手順としては、まずテキストの最初の行(「BAS」)を選択し、[Ctrl]+[Alt]+[Shift]キー([Command]+[Option]+[Shift]キー)を押しながら、最後の文字「S」が次の行に移動するまで、ピリオドキー(「。」キー)を何度も押します。最後の文字が次の行に移動したら、カンマキー(「、」キー)を1回押して1つ前に戻します。これを残りの行でも行って、ボックスの幅のギリギリまでテキストで満たします。必要に応じて、[文字]パネルで行送りを調整します(ここでは、文字同士がくっつかない程度の行間に調整しました)。

STEP 12 [レイヤー]パネルでテキストレイヤーのサムネールをダブルクリックして、テキスト全体を選択します。次に、オプションバーのカラースウォッチをクリックしてカラーピッカーを開きます。ここでは、背景がイエローなので、鮮やかなマゼンタレッド(R=237、G=20、B=91)を使用しています。別の色の背景を使用している場合は、他のカラーを試す必要があるかもしれません。色を選択できたら[OK]をクリックしてダイアログを閉じます。

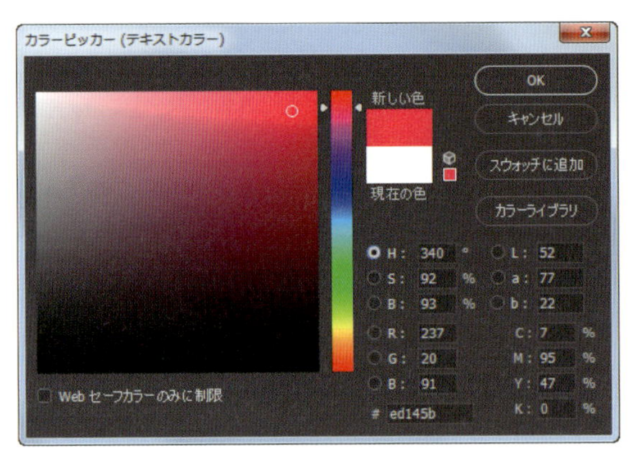

STEP 13 テキストレイヤーの描画モードを[差の絶対値]に変更すると、背景とミックスされて面白い色になります。また最後のおまけとして、テキストレイヤーに少しだけ[ドロップシャドウ]レイヤースタイルを追加すると、このように奥行き感が出ます。また、調整レイヤーで描画色を変更すると、すべてがブレンドされて面白い結果になるので、試してみても良いです。

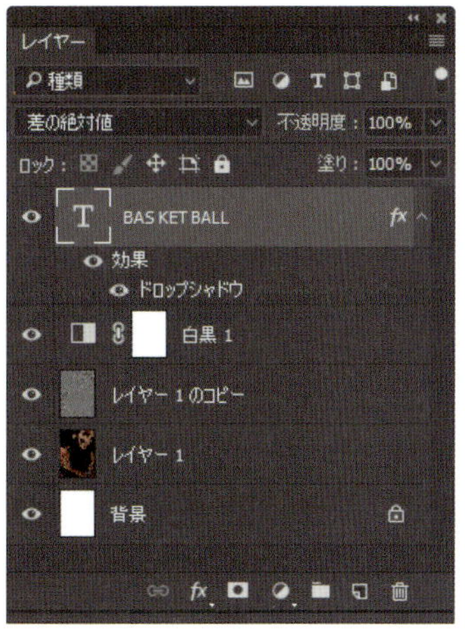

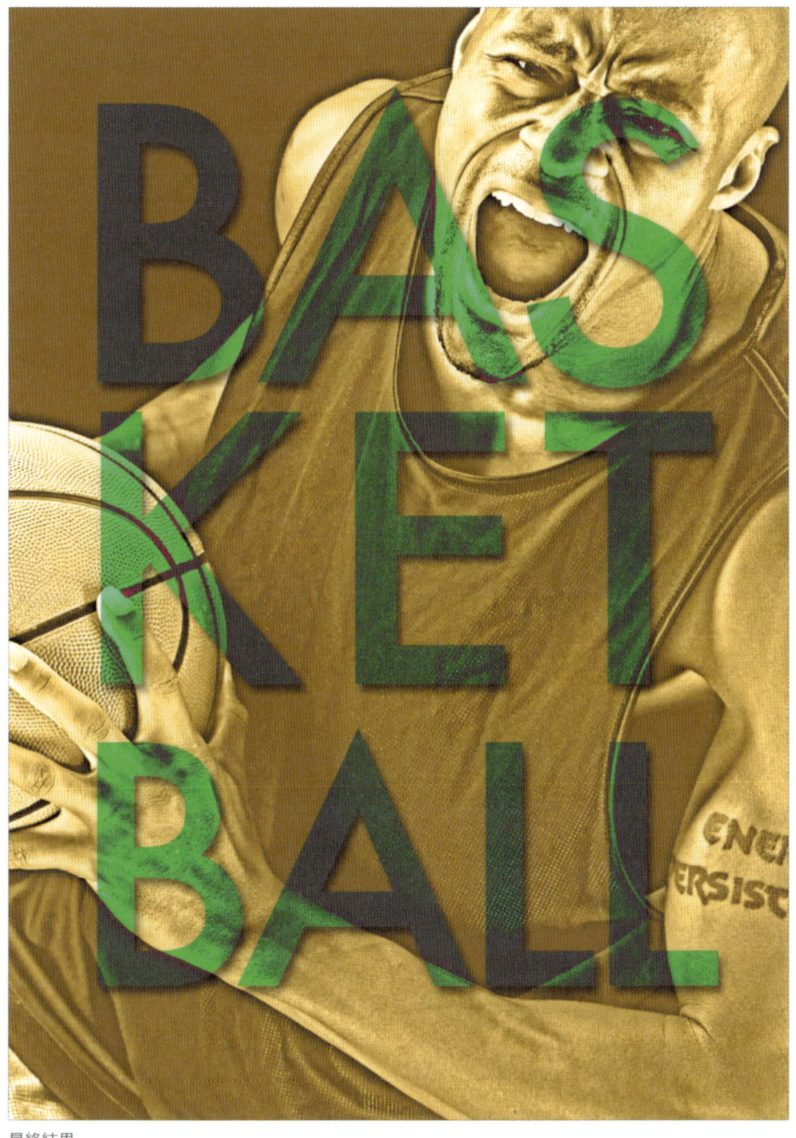

最終結果

1-3 他のレイヤースタイルテクスチャのテクニック

ここでは、すべての要素を別々のレイヤーに維持したまま、レイヤースタイルとテクスチャを組み合わせる一風変わったテクニックを紹介します。Photoshopをはじめたばかりという人は、この演習を行うことで、レイヤー機能がどれほど重要な要素かなんとなく理解できるようになるかもしれません。

STEP 01 まずは、[Ctrl] + [O]キー([Command] + [O]キー)を押して、使用したいテクスチャ画像(Adobe Stock「#49377813」または演習用ファイル「3_AnotherLayerStyle.jpg」)を開きます。ここでは、右図のような錆のテクスチャを使用します。

STEP 02 [編集]メニュー>[パターンを定義]を選択し、このテクスチャをパターンとして定義します。

STEP 03 [Ctrl] + [N]キー ([Command] + [N]キー)を押して、[幅]2000px、[高さ]1000px、[カンバスカラー]が黒の新規ドキュメントを作成します。

次に、ツールボックスの[横書き文字ツール] ([T]キー)を選択し、ドキュメントに新規テキストレイヤーを作成します。今回は２ワードのタイトル文字を入力することにします。テキストカラーは何色でも構いませんが、できるだけ太いフォントを使用してください(私はSwiss Blackというフォントを使用しました)。テキストを入力できたら、[文字]パネルを使用して好みのテキストに調整します(ここではカーニングを行い、行送りを調整しました)。

STEP 04 テキストを設定できたら、[レイヤー]パネルでテキストレイヤーの上か下に新規レイヤーを追加します。ここでは、[Ctrl]キー([Command]キー)を押しながら[新規レイヤーを作成]アイコンをクリックして、１つ下に追加しました。

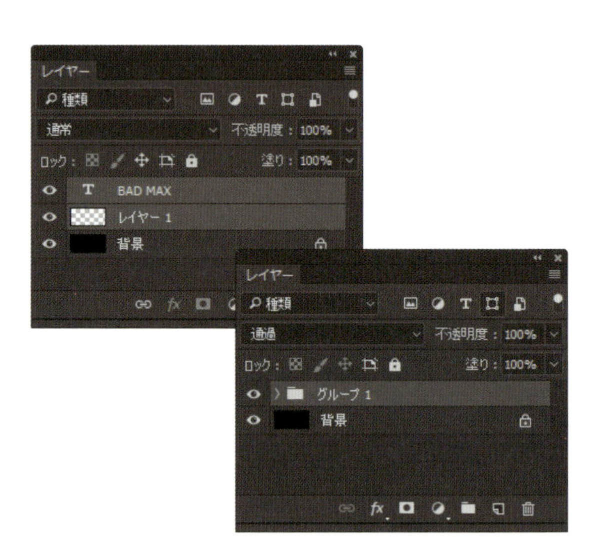

STEP 05 [Ctrl]キー ([Command]キー)を押しながらテキストレイヤーと新規レイヤーの両方を選択したら、[Ctrl] + [G]キー([Command] + [G]キー)を押してグループ化します(レイヤーは別々のままですが、このグループにネストされています)。この機能の便利なところは、グループ(フォルダ)内にレイヤーを個別に保持しつつ、グループを１つのレイヤーのように扱える点です。つまり、グループ自体にレイヤースタイルを適用することもできます。

STEP 06 グループフォルダに[パターンオーバーレイ]レイヤースタイルを適用します。[パターン]サムネールをクリックし、Step 2で定義したテクスチャを選択します。テクスチャを選択できたら、カンバス上で位置を調整します。まだ[OK]はクリックしないでください。

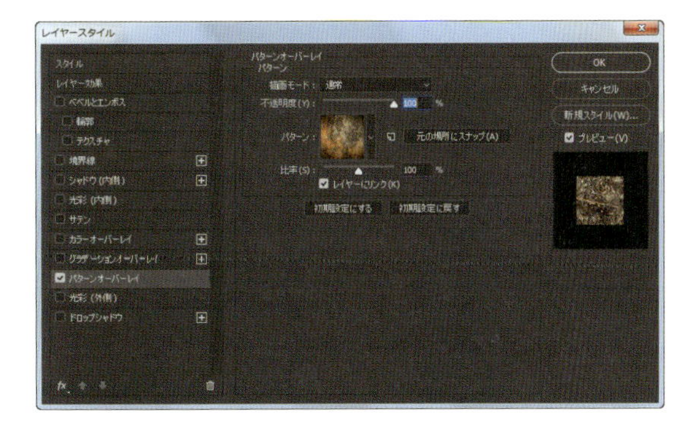

STEP 07 左側の項目から[ベベルとエンボス]をクリックし、右図のような設定を使用して、テキストのエッジに立体感を加えます。設定が完了したら[OK]をクリックしてダイアログを閉じます。

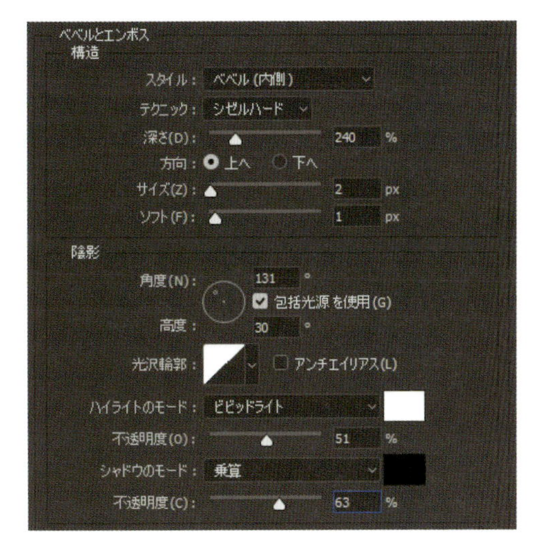

STEP 08 さて、Step 4で作成したレイヤーを覚えているでしょうか？ [レイヤー]パネルでグループフォルダを展開し、グループ内にある空白のレイヤーを選択します。

STEP 09 ここで必要なのは、このレイヤーにグラフィック要素を取り入れることです。グラフィック要素は、グループに適用されたレイヤースタイルを介して、テキストと調和します。たとえば、私は水しぶきで作ったブラシ(演習用ブラシファイル「3_Splash_Brush_Chap_1.abr」)を使用しました。ブラシを選択したら、[D]キーを押して描画色を黒に設定し、テキストの周囲を軽くペイント(クリック)するだけで、面白いエフェクトを追加できます。グループレイヤーの便利さを実感できたしょうか？

最終結果

1-4 テキスト内の画像でひと工夫

このエフェクトテクニックは非常にクールなので、以前から本書で扱おうと決めていました。これを目にしたのはスポーツのオンライン広告で、テキスト内に画像をマスキングする非常にクリエイティブな方法です。便利なレイヤーテクニックを活用して、このエフェクトをマスターしましょう。

STEP 01 まずは[Ctrl]＋[O]キー（[Command]＋[O]キー）を押して、使用したい被写体写真（Adobe Stock「#58574433」演習用ファイル「4_ImageInsideText1.jpg」）を開きます。今回は抽出しやすいように、白い背景のテニスプレーヤーの画像を選びました。似たようなイメージのものであれば、ご自身で用意されたものでも構いません。

STEP 02 [チャンネル]パネル（[ウィンドウ]＞[チャンネル]）を表示し、最もコントラストの高い[ブルー]チャンネルを選択します。次に、このチャンネルを右クリックして、ポップアップメニューから[チャンネルを複製]を選択し、ダイアログが表示されたら[OK]をクリックします。複製が完了したら、この複製チャンネルのみを表示しておきます。

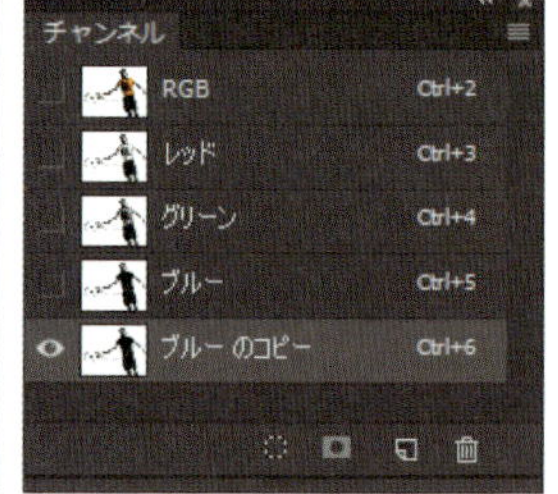

STEP 03 複製したチャンネルを選択した状態で[Shift]＋[Backspace]キー（[Shift]＋[Delete]キー）を押して、[塗りつぶし]ダイアログを開きます。[内容]を[ブラック]、[描画モード]を[オーバーレイ]に設定し、[OK]をクリックします。これにより、対象のグレーの領域がより暗くなりますが、白い背景は影響を受けません。

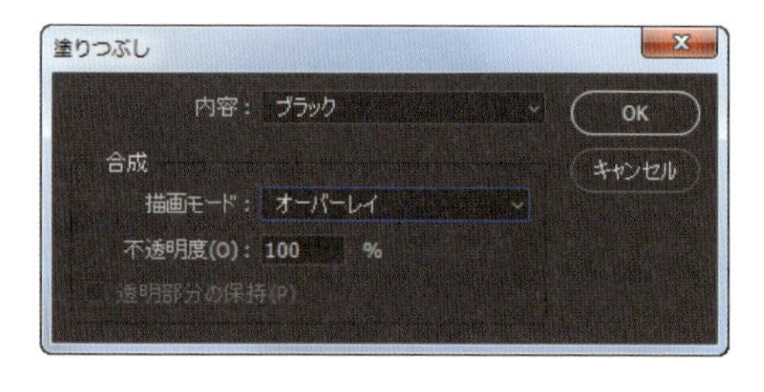

STEP 04 頭部や腕にまだグレーの領域があるため、[オーバーレイ]の塗りつぶしをあと1〜2回適用してより暗くします（背景の白までグレーになってしまうので、やり過ぎないよう注意してください）。それでも残っているグレー領域は、[ブラシツール]（[B]キー）で微調整します。オプションバーで描画の[モード]を[オーバーレイ]に設定した黒のソフト円ブラシで、これらのグレー領域を黒にペイントします。白い背景に対して対象が真っ黒になるまで塗りつぶしましょう。

STEP 05 対象を黒くできたら、[Ctrl] + [I]キー([Command] + [I]キー)を押して、階調を反転します。この時点でエッジの周囲に明るいグレーの領域が残っていたら、シンプルな[レベル補正]([Ctrl] + [L]キー([Command] + [L]キー))を使用して、それらの領域を除去します。

STEP 06 [チャンネル]パネルで[RGB]チャンネルをクリックして表示を元に戻し、[選択範囲]メニュー>[選択範囲を読み込む]を選択します。[チャンネル]項目に[ブルーのコピー]が選択されていることを確認し、[OK]をクリックします。

STEP 07 この時点で、まだ選択範囲を微調整する必要がある場合は、[選択範囲]>[選択とマスク]を選択します。細かい機能説明は割愛しますが、ここには選択範囲を細かく調整するためのメニューやツールが揃っています。[透明部分]は現在の選択範囲を確認するのに非常に便利です。また、[エッジの検出]セクションの[半径]は、選択範囲の境界線(エッジ)の調整に使用できます。左側に別パネルで表示されているツールバーの[境界線調整ブラシツール](上から2番目)も特に髪の毛などのソフトエッジの調整で力を発揮する便利なツールです。はじめて使うという方は、Webサイトで機能について調べたり、実際に各メニューを操作して機能を確かめてみることをおすすめします。選択範囲の調整が終わったら、[Ctrl] + [J]キー([Command] + [J]キー)を押して新規レイヤーにペーストします。

STEP 08 抽出した被写体を、別の背景ドキュメントに取り込んでいきましょう。この章の演習用フォルダからシンプルな背景画像「4_ImageInsideText2.tif」を開きます。先ほどのドキュメントからこのドキュメントに被写体レイヤーをコピーします。[自由変形]を使い、サイズと位置を調整します。

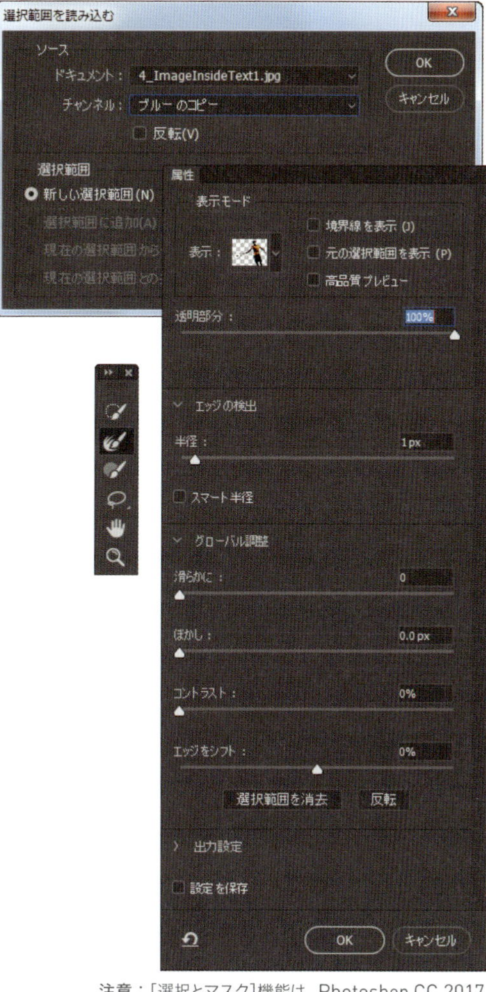

注意：[選択とマスク]機能は、Photoshop CC 2017とそれ以前のバージョンでは、一部メニューが異なる場合があるのでご注意ください。

STEP 09 [クイック選択ツール]（[W]キー）を使用し、対象のシャツの領域のみを選択します。選択範囲を作成できたら、オプションバーの[選択とマスク]ボタンをクリックします（開き方は違いますが、Step 7で触れた選択範囲の調整用パネルと同じものです）。[透明部分]のスライダを動かしてシャツの領域がしっかり選択できているかを確認し、必要に応じて選択範囲を調整します。調整が完了したら[OK]をクリックします（特に調整する必要がなかった場合は、[キャンセル]でも構いません）。

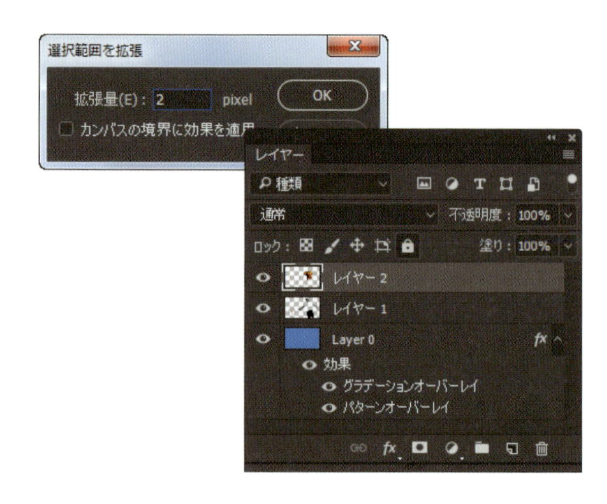

STEP 10 [選択範囲]メニュー>[選択範囲を変更]>[拡張]を選択します。[拡張量]を2pxに設定し、[OK]をクリックします。これにより、元の選択範囲では選択されなかったアンチエイリアスのエッジが処理されます。次に、[Ctrl] + [Shift] + [J]キー（[Command] + [Shift] + [J]キー）を押して、新規レイヤーにペーストします。

STEP 11 [横書き文字ツール]（[T]キー）を選択し、カンバスをクリック（またはドラッグ）してテキストレイヤーを設定します。太めのフォントを使用し、テーマに合った引用句やお好みのフレーズを入力します（ここでは、Swiss 721 BlackExtended BTというフォントを使用し、右図のようなテキストを入れました）。

テキストを入力できたら、ガイドとなるシャツの形状に合わせて文字や各行の調整を行います（行間は、文字同士がくっつかない程度の幅が理想です）。

STEP 12 テキストの調整がおおまかにできたら、[レイヤー]パネルでシャツのレイヤーをテキストレイヤーの上に移動します。シャツのレイヤーを選択した状態で、[Ctrl] + [Alt] + [G]キー([Command] + [Option] + [G]キー)を押してクリッピングマスクを作成します。この時点で、シャツの形状内でテキストがどこに位置しているのかも確認しておきます。必要に応じて、できる限りシャツの形状内に収まるようにテキストを微調整します。

STEP 13 この時点で、かなり完成形に近づいてきましたが、まだテキストの一部が対象のエッジからはみ出しています。これをうまく修正するには次のようにします。シャツレイヤーのサムネールを[Ctrl]キー([Command]キー)を押したままクリックし、選択範囲として読み込みます。

次にテキストレイヤーを選択し、[レイヤー]パネル下部の[レイヤーマスクを追加]アイコンをクリックします。これにより、シャツの外側の余分な領域がマスクされます。最後の仕上げとして、読みにくい文字などを微調整して完成です。

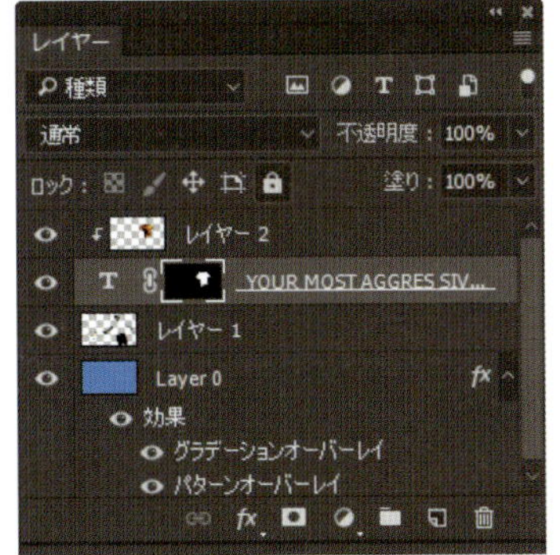

最終結果

1-5 3Dの便利な小技

この章の最後に、テキストまたは写真に使える便利で簡単な3Dテクニックをご紹介します。使用するのは2つのシンプルなテキストレイヤーのみです！

STEP 01 [Ctrl] + [N]キー（[Command] + [N]キー）を押して、[幅]2000px、[高さ]1000px、[カンバスカラー]が黒の新規ドキュメントを作成します。描画色を白に設定し[横書き文字ツール]（[T]キー）を選択します。カンバスをクリック（またはドラッグ）してテキストレイヤーを作成します。太めのフォントで2ワードほどのテキストを入力します（ここでは、「ROAD RAGE」と入力しました）。

STEP 02 テキストレイヤーが選択されていることを確認し、[3D]メニュー>[レイヤーから新規メッシュを作成]>[ポストカード]を選択します（注：3Dを使用するのが初めての場合は、3Dワークスペースに切り替えるかどうかを尋ねられ、[はい]を選択すると[3D]パネルおよび[属性]パネルが開きます）。これにより、テキストレイヤーが3D環境に配置されます。また、[レイヤー]パネルでテキストレイヤーが3Dレイヤーに変更されていることが確認できます。

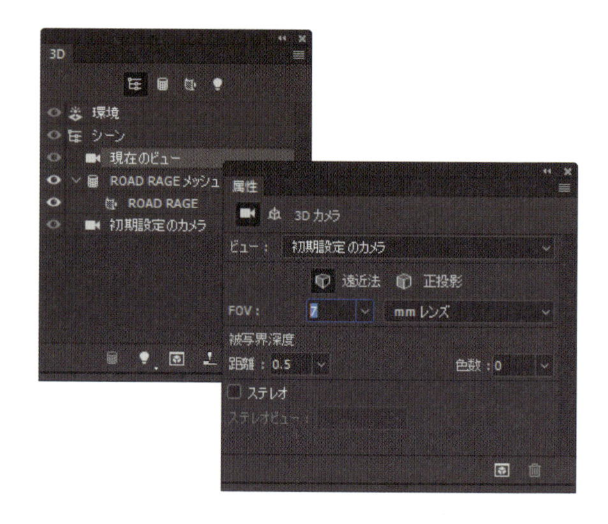

STEP 03 [3D]パネルで、[現在のビュー]が選択されていない場合は選択します。次に、[属性]パネルで[FOV]のカメラ設定を確認します。この数字を7mm前後のレンズに設定します。これにより、まるで超広角レンズを通したようなテキスト表示になります。

STEP 04 作成したテキストを別のドキュメントに配置してみましょう。[Ctrl] + [O]キー（[Command] + [O]キー）を押して、テキストを配置したい画像（Adobe Stock「#53572540」または演習用ファイル「5_Clever3DTrick.jpg」）を開きます。ここでは躍動感のある車の写真を選びましたが、ご自身で用意された別の写真を使っていただいても問題ありません。

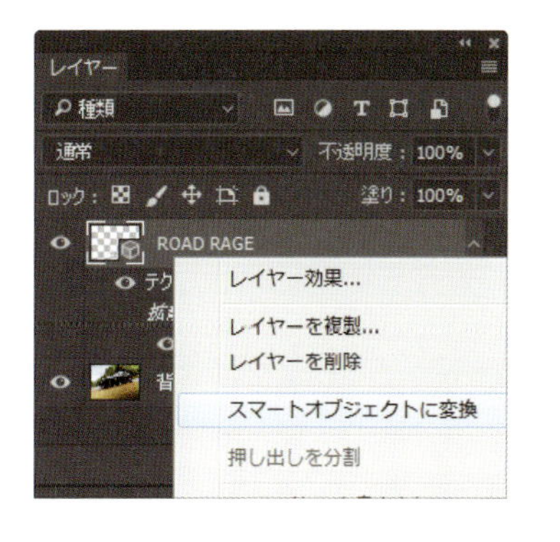

テキストのドキュメントからこのドキュメントにテキストレイヤーをコピーします（もちろん、ドキュメントをまたいでも 3D 効果は維持されています）。[移動ツール]（[V]キー）を選択し、オプションバーの右端にある[3D モード]の各ツール（左から順に、回転、ロール、ドラッグ、スライド、スケール）を使い、テキストを背景に合わせて配置します。これらのツールを一度も使用したことがない場合は、慣れるのに少し時間がかかるかもしれません。しばらくの間はいろいろ試してみて、ツールの動作に根気良く慣れていきましょう（このツールについては、9章の演習でも使用します）。調整が完了したら、3D レイヤーを右クリックして[スマートオブジェクトに変換]を選択します。これにより、3D レイヤーを通常のスマートオブジェクトであるかのように扱うことができます。さらに、スマートオブジェクトサムネールをダブルクリックすることで、再度オリジナルの 3D レイヤーを開くことができ、編集することも可能です。

ヒント：3Dレイヤーの[拡散]サブレイヤーの下にある入力テキストをダブルクリックすることで、元のドキュメントにアクセスすることができます。ここで再度テキストに編集を加えて保存することで、3D レイヤー側のテキストにもこの編集を反映することができます（9 章の演習でも少し触れます）。

©ADOBE STOCK/ALEKSEI DEMITSEV

最終結果

CHAPTER
2

商業デザイン

注意を向けてもらえる時間が短いソーシャルメディアの世界では、すぐに目を引くことができる“インパクトのある商業デザイン”を作成することが重要です。この章では、写真、テクスチャ、グラフィックス、テキストをクリエイティブに活用して、見る人の心を一瞬でつかむ方法を探求します。

2-1 同じ被写体の画像をいくつか組み合わせる

ここでは、同じ被写体を異なる状況で撮影した複数のショットを組み合わせ、スポーツ広告をイメージしたクールでスタイリッシュなエフェクトを作成していきます。

STEP 01 [Ctrl]＋[O]キー([Command]＋[O]キー)を押して、ベースとして使用したい最初の被写体画像(Adobe Stock「#67803487」または演習用ファイル「1_BlendingImages1.jpg」)を開きます。ここでは、バットを構えた野球選手の横から写した写真を選びました。

STEP 02 この写真と組み合わせるもう1つの画像(Adobe Stock「#67803884」または演習用ファイル「1_BlendingImages2.jpg」)を開きます。今度は、先ほどと同じ選手のダイビングキャッチの瞬間を写した写真です。

STEP 03 [編集]メニュー＞[パターンを定義]を選択して、この写真をパターンとして定義します。

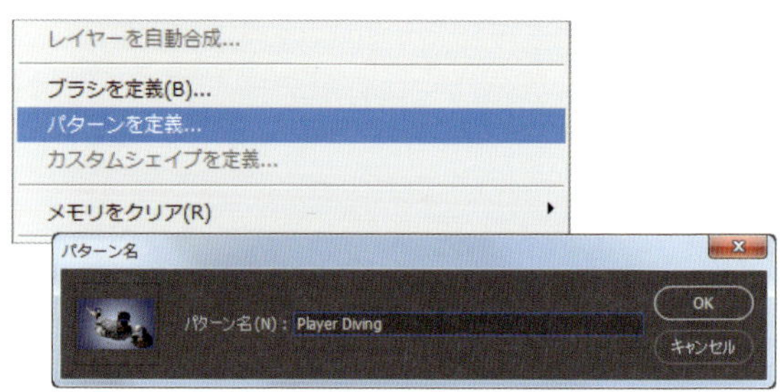

STEP 04 最初のドキュメントに戻り、ツールボックスから[長方形ツール]([Shift]＋[U]キー)を選択します。オプションバーのツールモード(左から2番目のポップアップメニュー)を[シェイプ]、[塗り]のカラーを白または好みの色にし、[線]をなしに設定します。

STEP 05 図のように、まず画像の上に垂直の長方形シェイプを作成します。最初のシェイプを作成すると、[レイヤー]パネルに新しいシェイプレイヤーが作成され、シェイプは選択した色で塗りつぶされます。オプションバーの[パスの操作]アイコンをクリックして、[シェイプを結合]を選択します。これにより、この後作成するシェイプは既存のシェイプレイヤーに追加されるようになります。

STEP 06 カンバス上の他の場所にも長方形シェイプをいくつかランダムに追加します。長方形の縦の長さはカンバスの高さよりも長めにとっておくと良いです。

STEP 07 [レイヤースタイルを追加]アイコンをクリックし、[パターンオーバーレイ]を選択します。[パターン]サムネールをクリックし、Step 3で定義した画像を見つけます(最後にあるはずです)。[不透明度]を100%に設定し、[比率]を適宜設定します(注：ここでは[比率]を100%に設定していますが、定義した元画像のサイズや解像度によってこの数値は変わってきます。数値よりもドキュメント画像を参考にし、ご自身で確認しながら作業することをおすすめします)。[レイヤースタイル]ダイアログを開いたまま、直接カンバス内のパターン画像をドラッグして、好みの位置に配置します。配置が完了したら[OK]をクリックしてダイアログを閉じます。

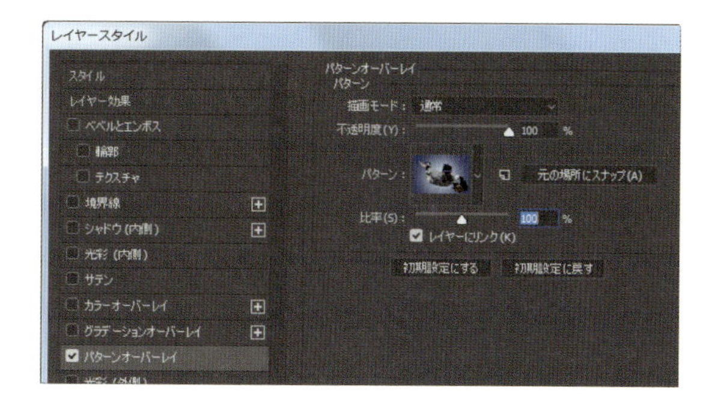

STEP 08 一旦別のレイヤーを選択し、再度シェイプレイヤーを選択し直します（これにより、シェイプレイヤーに含まれているすべてのシェイプが選択された状態になります）。[編集]メニュー>[パスを変形]>[ゆがみ]を選択します。すべてのシェイプに対して編集用のバウンディングボックスが表示されたら、[Alt]キー（[Option]キー）を押しながら上部中央のコントロールポイントを右にドラッグして、長方形を右に傾けます。編集が終了したら、[Enter]キー（[Return]キー）を押して変更を確定します（警告ダイアログが出た場合は、[OK]をクリックしてください）。

このエフェクトでは、各画像の最も見せたい部分が隠れてしまいわないように、シェイプの位置に注意する必要があります。[パス選択ツール]（[Shift]＋[A]キー）（白い矢印のアイコン）で個々のコントロールポイントまたはパスを移動して、長方形の幅や長さを調整します。

STEP 09 シェイプの調整が完了したら、背景との境界に少し変化をつけましょう。シェイプレイヤーのレイヤースタイルをダブルクリックして再度ダイアログを開き、左側の項目から[ドロップシャドウ]を選択します。右図のように設定します。さらに[ベベルとエンボス]を選択して、右下の図のように設定します。

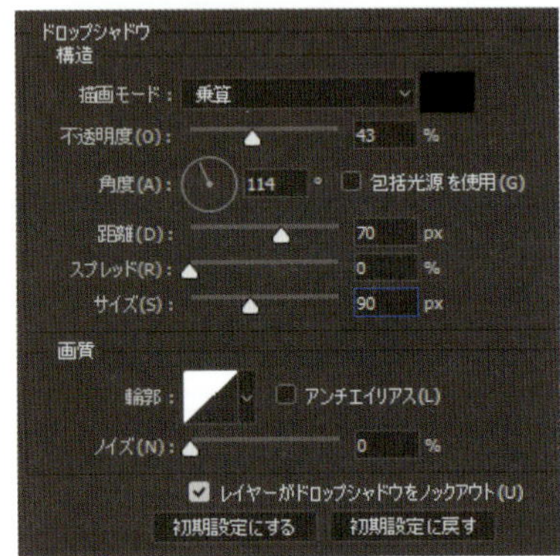

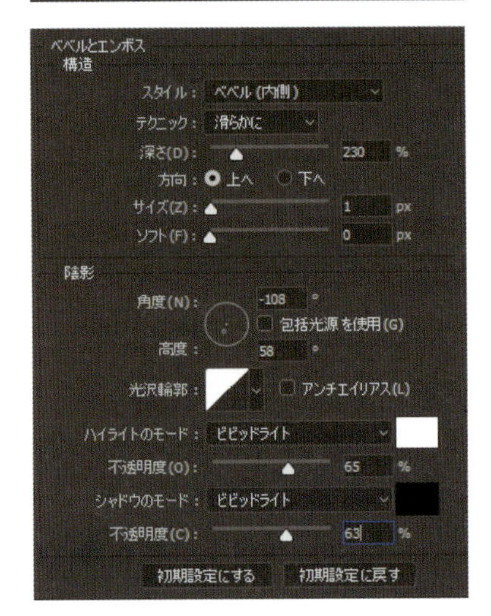

STEP 10 全体的なエフェクトが完成したら、仕上げにタイトルテキストを追加します。[横書き文字ツール]（[T]キー）を選択し、カンバスをクリック（またはドラッグ）して、太めのゴシックフォント（ここでは、Eurostile Bold Extended というフォントを使用しました）で２色のテキストを加えます。このテキストレイヤーに[ドロップシャドウ]レイヤースタイルを追加して、[不透明度]を55%程度に設定します。

STEP 11 長方形シェイプの角度に合わせて、テキストの角度を調整しましょう。[編集]メニュー>[変形]>[ゆがみ]を選択し、[Alt]キー（[Option]キー）を押しながら上部中央のコントロールポイントを右にドラッグして、シェイプの角度と同じくらいになるまで傾けます。編集が終わったら[Enter]キー（[Return]キー）を押して確定します。

STEP 12 仕上げに、[Ctrl] + [J]キー([Command] + [J]キー)を押してこのテキストレイヤーを複製し、[レイヤー]パネルで背景レイヤーのすぐ上(シェイプレイヤーの下)にこの複製レイヤーを移動します。

STEP 13 [Ctrl] + [T]キー ([Command] + [T]キー)を押して[自由変形]をアクティブにし、[Shift]キーを押しながらコーナーハンドルをつかんで、テキストをかなり大きくスケールします。作業が終わったら、[Enter]キー([Return]キー)を押します。最後に、この複製レイヤーの描画モードを[オーバーレイ]に設定し、[不透明度]を25%くらいに下げて完成です。

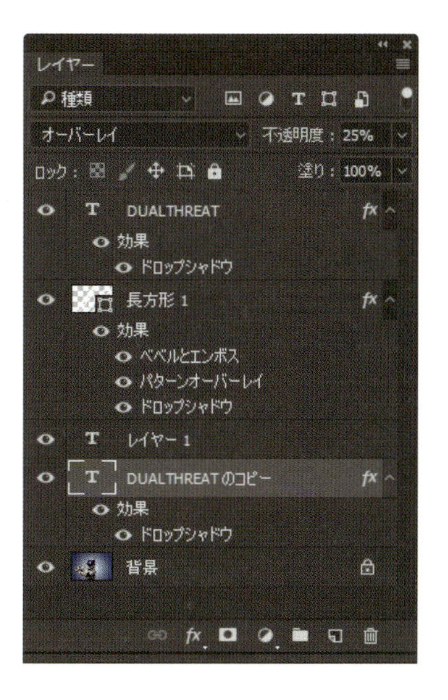

最終結果

2-2 パターンと画像を組み合わせる

スポーツ広告から着想を得て作成したエフェクトをもう１つ紹介します。これは、さまざまな画像にパターン要素を組み合わせたエフェクトの好例で、商業的に魅力のある非常に洗練された合成画像を作成することができます。

©ADOBE STOCK/EUGENE ONISCHENKO

STEP 01 使用する被写体画像（Adobe Stock「#79096816」または演習用ファイル「2_BlendingPatterns1.jpg」）を開きます。今回は白い背景のサッカー選手の写真を選びました。画像を開いたら、まずはメインの被写体（ここではサッカー選手）を抽出していきましょう。手順はChapter 1「1-4 テキスト内の画像でひと工夫」でテニスプレーヤーに対して用いたテクニックと似たものになります。［チャンネル］パネルに移動し、［ブルー］チャンネルを右クリックして複製を作成したら、複製したチャンネルのみを選択（および表示）します。

STEP 02 ［Ctrl］＋［I］キー（［Command］＋［I］キー）を押して、複製したチャンネルの階調を反転します。

STEP 03 ［Shift］＋［Backspace］キー（［Shift］＋［Delete］キー）を押して、［塗りつぶし］ダイアログを開きます。［内容］を［ホワイト］、［描画モード］を［オーバーレイ］に設定し、［OK］をクリックします。これにより、ほとんどのグレー領域が白になり、黒い領域はそのまま残ります。これをあと２回ほど繰り返して、グレーをさらに塗りつぶします（やり過ぎると、一部の領域で支障が出るので注意しましょう）。

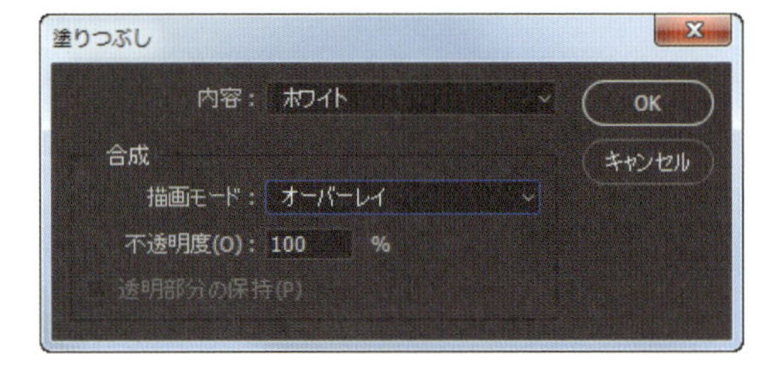

STEP 04 白にしたいグレー領域がまだ残っているようなら、［ブラシツール］（［B］キー）を使用します。オプションバーにあるブラシピッカーでソフト円ブラシを選択して、ツールの［描画モード］を［オーバーレイ］に設定したら、グレー領域を白でペイントして除去し、チャンネルを白と黒のみにします。

STEP 05 1番上の[RGB]チャンネルをクリックして、カラー画像に戻します。[選択範囲]メニュー>[選択範囲を読み込む]を選択し、[チャンネル]項目に[ブルーのコピー]が選択されていることを確認して、[OK]をクリックします。この時点で、選択範囲の微調整が必要な場合は、[選択範囲]>[選択とマスク]で調整します。調整が完了したら、[Ctrl] + [J]キー([Command] + [J]キー)を押して選択領域を新規レイヤーにペーストします。

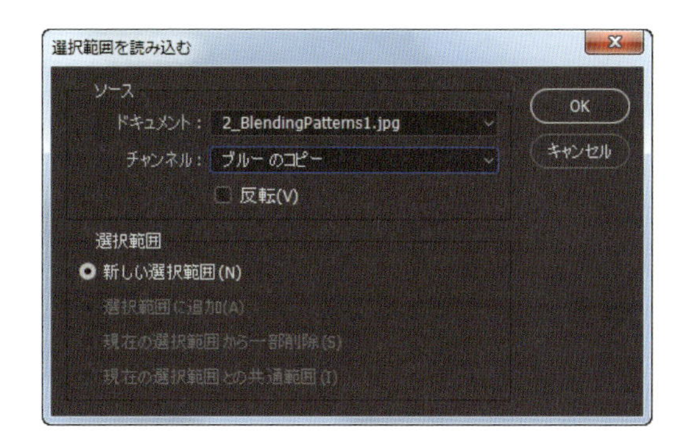

STEP 06 被写体を抽出できたので、[Ctrl] + [S]キー([Command] + [S]キー)を押してドキュメントを一旦保存しておきます。[Ctrl] + [N]キー([Command] + [N]キー)を押して、[幅]と[高さ]が250px、[カンバスカラー]が黒の新規ドキュメントを作成します。

STEP 07 [ズームツール]などを使い300%程度までズームインし、[Ctrl] + [R]キー([Command] + [R]キー)を押して定規を表示します。定規にマウスカーソルを合わせ、カンバスの中心に向かってドラッグし、縦と横のそれぞれ中央にガイドを置きます。[表示]メニューで[スナップ]および[スナップ先]の[ガイド]にチェックが入っていれば、適切な位置にスナップされるはずです。

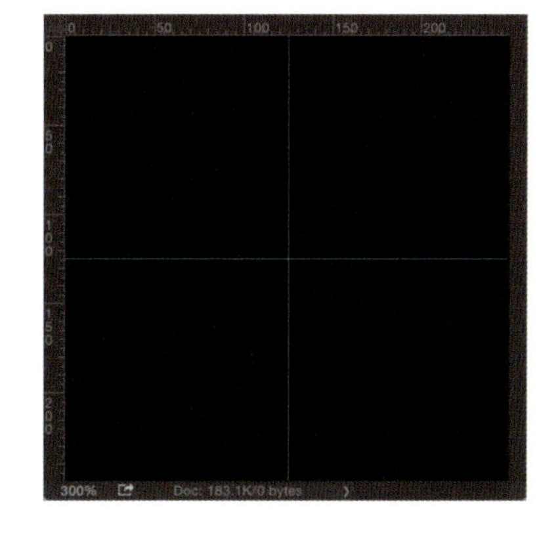

STEP 08 ツールボックスから[ラインツール]([Shift] + [U]キー)を選択します。オプションバーでツールモードを[シェイプ]、[塗り]のカラーを白、[線]をなし、[線の太さ]（右から2番目）を3pxに設定します。最後に、[パスの操作]アイコン([H]フィールドの右隣)をクリックし、[シェイプを結合]を選択します。

STEP 09 [Shift]キーを押しながら、垂直および水平ガイドに沿って線を引きます。

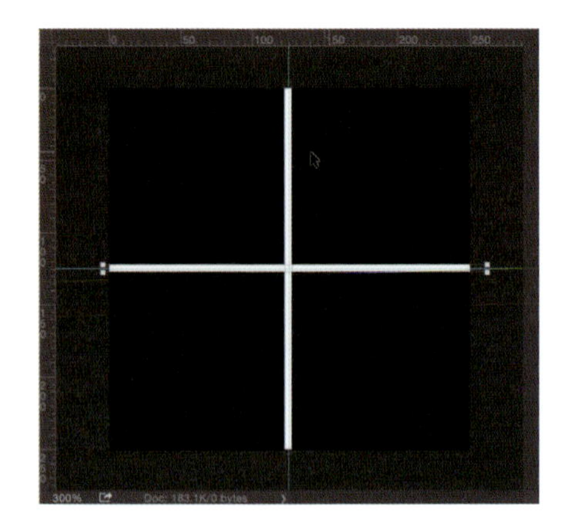

STEP 10 再び[Shift]キーを押しながら、今度は左上および右上のコーナーから45度の角度で対角線を引きます。

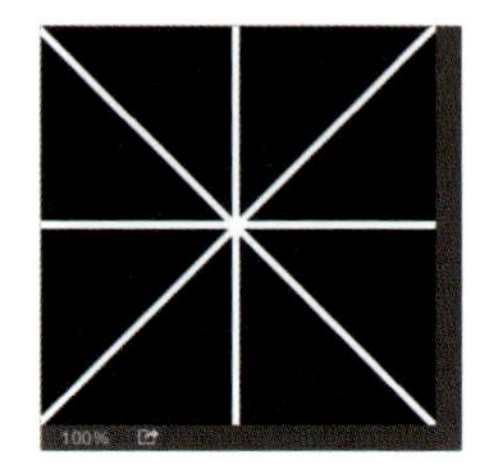

STEP 11 新規レイヤーを作成し、[Ctrl] + [A]キー([Command] + [A]キー)で全体を選択します。[編集]メニュー>[境界線を描く]を選択したら、[幅]を5px、[カラー]を白、[位置]を[内側]に設定し、[OK]をクリックします。

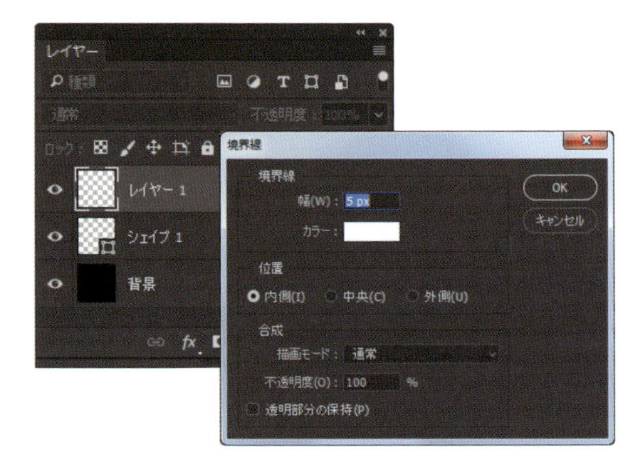

STEP 12 [背景]レイヤーを非表示にし、[編集]メニュー>[パターンを定義]を選択して、この画像をパターンとして定義します。

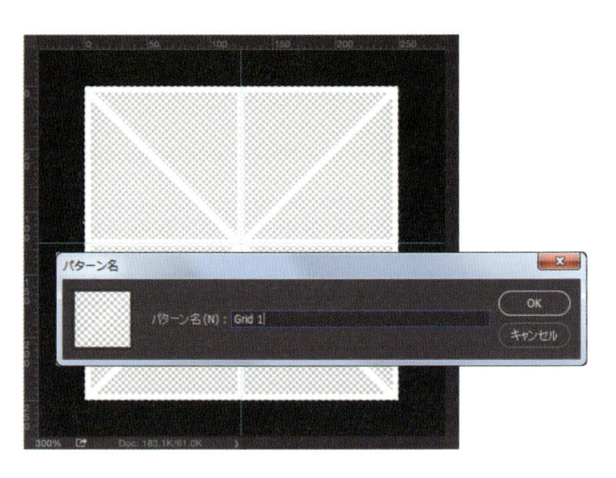

STEP 13 [Ctrl] + [N]キー([Command] + [N]キー)を押して、[幅]1450px、[高さ]2100px、[カンバスカラー]が濃い青(サッカー選手のユニフォームの色を基準に決めました)の新規ドキュメントを作成します。このドキュメントに最終的なデザインを展開していきます。

STEP 14 [横書き文字ツール]([T]キー)を選択し、カンバスをクリック(またはドラッグ)して新規テキストレイヤーを作成します。テキストは背景の重要な要素となるので、太めのフォントで背景に置いたときに目立つ色を選択します(ここでは、Old School United Regular フォントと、被写体の靴に合わせて黄色を使っています)。このテキストを、前回のチュートリアルと同じように斜め傾けて、動きのある構図にします([編集]メニュー>[変形]>[ゆがみ]を使用し、右上のコーナーハンドルをつかんで上方向にドラッグ)。必要に応じて、[文字]パネルでトラッキングや行送りを調整します。

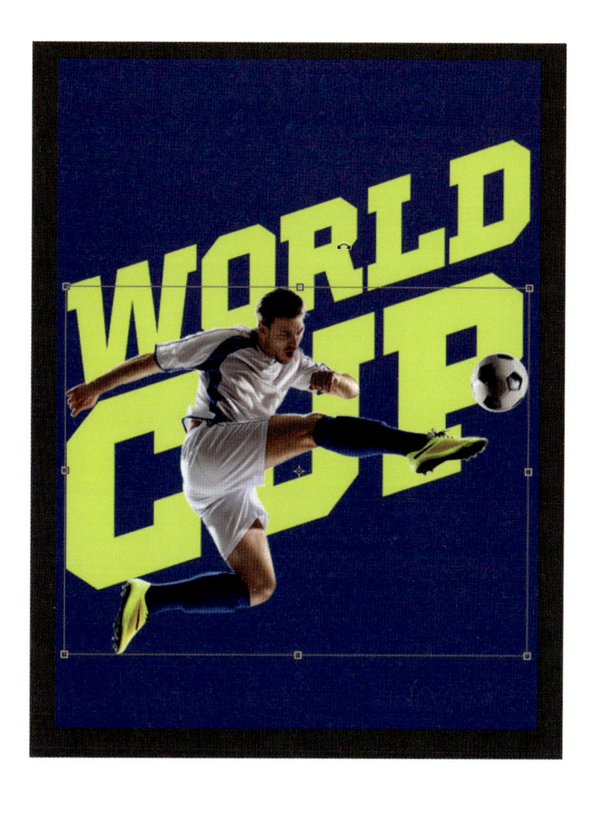

STEP 15 最初に作成したサッカー選手のドキュメントに戻り、抽出した被写体のレイヤーをメインのデザインドキュメントにドラッグ&ドロップでコピーします。[レイヤー]パネルの一番上に配置して、このレイヤーがテキストの上に来るようにします。[自由変形]([Ctrl] + [T]キー([Command] + [T]キー))をアクティブにして、被写体が構図にうまく収まるようにスケールします(縦横比を維持するには、[Shift]キーを押しながらコーナーポイントをドラッグします)。

STEP 16 [背景]レイヤーを選択し、その上に新規レイヤーを作成します。このレイヤーが[背景]レイヤーの上、テキストレイヤーの下にあることを確認します。[Shift] + [Backspace]キー([Shift] + [Delete]キー)を押して[塗りつぶし]ダイアログを開き、[内容]を[50% グレー]に設定して[OK]をクリックします(今回は[描画モード]は特に気にしなくても大丈夫です)。

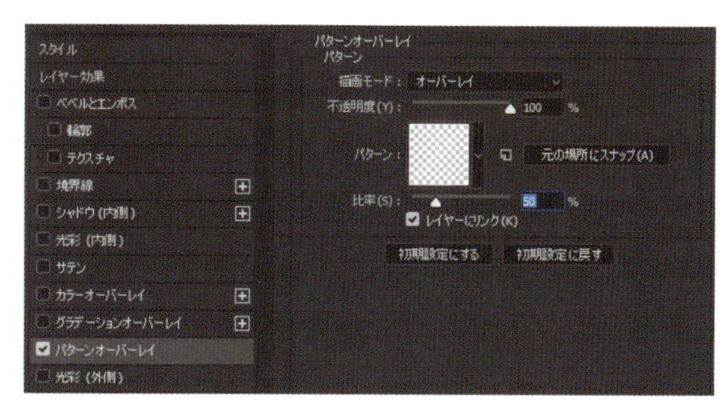

STEP 17 このグレーのレイヤーに[パターンオーバーレイ]レイヤースタイルを適用します。[パターン]サムネールをクリックして、前ページで定義したパターンを選択します。[描画モード]を[オーバーレイ]に設定し、[比率]を適宜調整します(ここでは約 50%に設定しました)。次に、左側の項目から[レイヤー効果]をクリックして、[高度な合成]セクションで[塗りの不透明度]を0に下げます。これにより、パターンと背景がブレンドされます。設定が完了したら[OK]をクリックしてダイアログを閉じます。

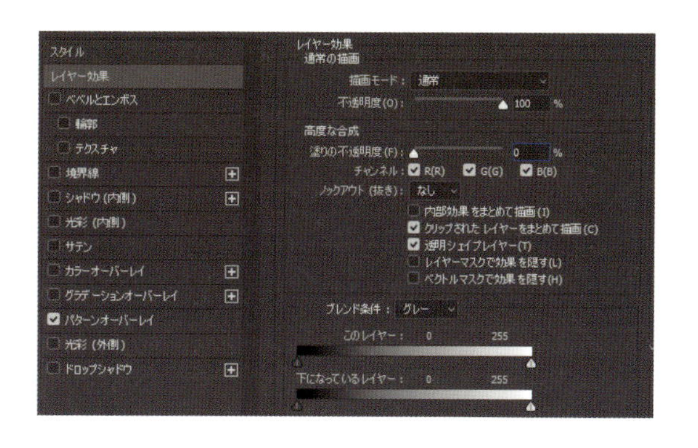

STEP 18 このパターンレイヤーにレイヤーマスクを追加したら、[グラデーションツール]（[G]キー）を選択し、オプションバーでグラデーションプリセットを[描画色から透明に]に設定します。続けて、オプションバーの[円形グラデーション]アイコンを選択したら、カンバスをクリック&ドラッグしてマスクにいくつかグラデーションを追加し、パターンをランダムにフェードさせます。

STEP 19 次に[Ctrl]＋[O]キー（[Command]＋[O]キーを押して、スタジアムの画像（Adobe Stock「#72793811」または演習用ファイル「2_BlendingPatterns2.jpg」）を開きます。この画像（レイヤー）をメインドキュメントにドラッグ&ドロップでコピーしたら、[自由変形]を使用して、写真の角度がテキストの角度と一致するようにスケールおよび回転します。配置が完了したら、このレイヤーをパターンレイヤーの上に移動します。

STEP 20 最後にこのレイヤーにレイヤーマスクを追加し、先ほどと同じ円形グラデーションを使ってスタジアムレイヤーの上下に残った境界線をフェードさせます。

これでほぼ完成と言っても良いですが、テキストをさらに馴染ませるには、テキストレイヤーに[レイヤー効果]レイヤースタイルを追加します。ダイアログの[ブレンド条件]セクションで、[下になっているレイヤー]の白いスライダを[Alt]キー（[Option]キー）を押しながらクリックして分割し、左側のつまみをハイライトが透けて見え始めるまで左にドラッグします。調整が完了したら[OK]をクリックしてダイアログを閉じます。私が作成した最終イメージは右ページのとおりです。

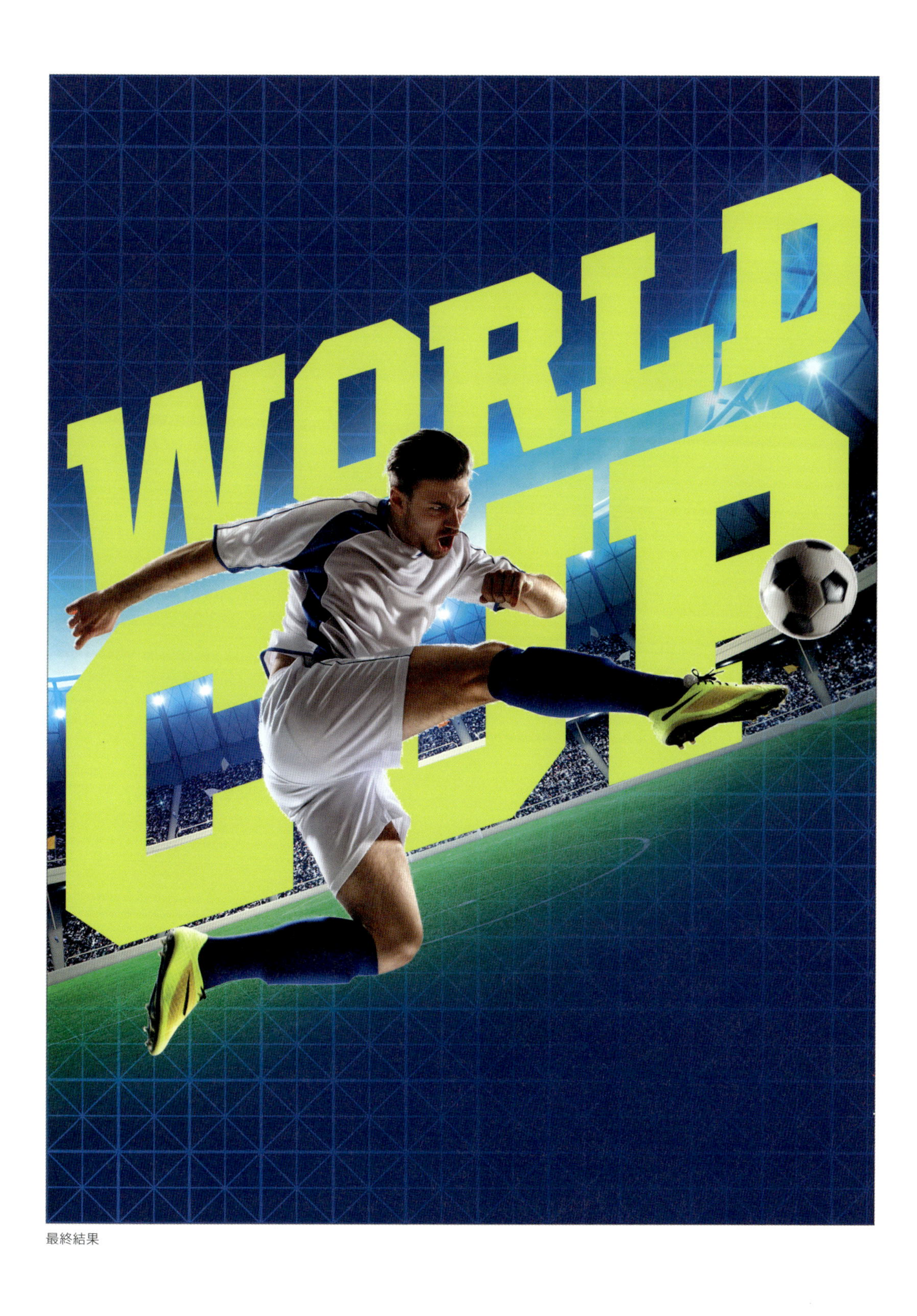

最終結果

2-3 ハリウッドから着想を得たエフェクト

この演習では、商業デザインにハリウッド風エフェクトを取り入れた例を紹介します。ここで紹介する合成テクニックは、最近多くの映画ポスターで目にしますが、私たちのほとんどは映画ポスターを実際にデザインするわけではないので、ここではこのエフェクトを利用して仮想のウイスキーの広告を作成していきます。

STEP 01 [Ctrl] + [N]キー（[Command] + [N]キー）を押して、[幅]1745px、[高さ]2000px、[カンバスカラー]が白の新規ドキュメントを作成します。このドキュメントに最終的なデザインを展開していきます。

STEP 02 次に[Ctrl] + [O]キー（[Command] + [O]キー）を押して、背景として使用するテクスチャ画像（演習用ファイル「3_HollywoodInspired1.jpg」）を開きます。似たようなイメージのものであれば、別のテクスチャ画像でも構いせん。このテクスチャをいつものようにメインドキュメントにコピーしたら、[自由変形]を使ってカンバスに合うようにスケールおよび配置します。

STEP 03 もう１つ、今度はペンキが飛び散っている画像（Adobe Stock「#66035629」または演習用ファイル「3_Hollywood Inspired2.jpg」※この演習用素材は、私のほうで一部加工を加えています）を開きます。この画像はデザイン全体の中核の要素として使用しますが、まずは背景から抽出する必要があります。また、今回必要なのはこのペンキの「形状」だけなので、色を取り除いていきましょう。

STEP 04 [Ctrl] + [Shift] + [U]キー（[Command] + [Shift] + [U]キー）を押して、画像の彩度を下げます。次に、[Shift] + [Backspace]キー（[Shift] + [Delete]キー）を押して[塗りつぶし]ダイアログを開き、[内容]を[ブラック]、[描画モード]を[オーバーレイ]に設定し、[OK]をクリックします。さらにもう一回[塗りつぶし]を行って、ペンキをさらに暗くします。

STEP 05 [Ctrl] + [I]キー（[Command] + [I]キー）を押して、階調を反転します。次に[チャンネル]パネルを開いて、[Ctrl]キー（[Command]キー）を押しながら[RGB]チャンネルのサムネールをクリックし、選択範囲として読み込みます。

[レイヤー]パネルに戻り、新規レイヤーを作成します。[D]キーを押して、描画色を黒に設定してから、[Alt] + [Backspace]キー（[Option] + [Delete]キー）を押して選択範囲を描画色で塗りつぶします。

©PHOTOART TEXTURES

Step 2

©ADOBE STOCK/UNDREY

Step 3

Step 4

[Ctrl] + [D]キー([Command] + [D]キー)を押して選択範囲を解除したら、このペンキ要素のレイヤーをドラッグ&ドロップでメインドキュメントにコピーします。コピーできたら[自由変形]を使ってスケールし、中央に配置します。

STEP 06 次に、ウイスキーボトルとグラスの画像(Adobe Stock 「#62681768」または演習用ファイル「3_HollywoodInspired3.jpg」)を開きます。先ほど同様、メインドキュメントにコピーしてから、[自由変形]を使用してボトルとグラスが背景(ペンキ画像)のほぼ中央に来るようにスケールおよび配置します。

STEP 07 このレイヤーにレイヤーマスクを追加したら、[グラデーションツール]を選択し、オプションバーでグラデーションプリセットを[描画色から透明に]に設定します。続けて、オプションバーの[円形グラデーション]アイコンを選択したら、[D]キーを押して描画色を黒に設定し、カンバスをクリック&ドラッグしてボトルレイヤーの境界線をフェードさせます。

Step 5

Step 7

©ADOBE STOCK/ALEXANDR VLASSYUK

©ADOBE STOCK/PAUL TARASENKO

Step 8

Step 9

©ADOBE STOCK/OLLY

Step 10

STEP 08 ここからさらに、2人の被写体を配置していきます。まず1人目の被写体の画像（Adobe Stock「#64080071」または演習用ファイル「3_HollywoodInspired4.jpg」）を開きます。前ページの図を見ると分かるように、サングラスをかけた女性の写真です。ボトルの画像と同様、この画像（レイヤー）をメインドキュメントにコピーしてから、ボトルのすぐ上に来るように［自由変形］でスケールおよび配置します。次に、[Alt]キー（[Option]キー）を押しながら［レイヤーマスクを追加］アイコンをクリックして、黒（すべて非表示）のレイヤーマスクを追加します。

STEP 09 [X]キーを押して描画色を白に設定したら、Step 7と同じ円形グラデーションを使用して、被写体のみが表示されるようにマスクを調整します（今回は残したい領域（被写体部分）にグラデーションを追加していきます）。

STEP 10 続けて、2人目の被写体であるサングラスの男性の画像（Adobe Stock「#53199300」または演習用ファイル「3_HollywoodInspired5.jpg」）を開き、女性の画像と同じ作業を行います。まず彼をメインドキュメントにコピーし、ボトルの左上に配置します。黒いレイヤーマスクを追加したら、先ほどのような白い円形グラデーションを使用して被写体を表示させます。

STEP 11 ここまでの作業結果を見て分かるのは、さらにいくつかの抽象的な要素を両側に追加して、被写体をより馴染ませる必要があることです。そこで図のように、活用できそうな面白いパーティクル要素のコレクションを使います。まずは、この画像ファイル（Adobe Stock「#80395003」または演習用ファイル「3_HollywoodInspired6.jpg」）を開きます。

STEP 12 白い部分だけを抽出するため、まずはこの部分を少し明るくしましょう。[Shift] + [Backspace]キー（[Shift] + [Delete]キー）を押して［塗りつぶし］ダイアログを開き、［内容］を［ホワイト］、［描画モード］を［オーバーレイ］に設定し、[OK]をクリックします。

STEP 13 ［チャンネル］パネルに移動して、[Ctrl]キー（[Command]キー）を押しながら[RGB]チャンネルのサムネールをクリックし、ハイライト領域を選択範囲として読み込みます。次に、[Ctrl] + [J]キー（[Command] + [J]キー）を押して新規レイヤーにペーストし、[Ctrl] + [I]キー（[Command] + [I]キー）で階調を反転して黒にします。

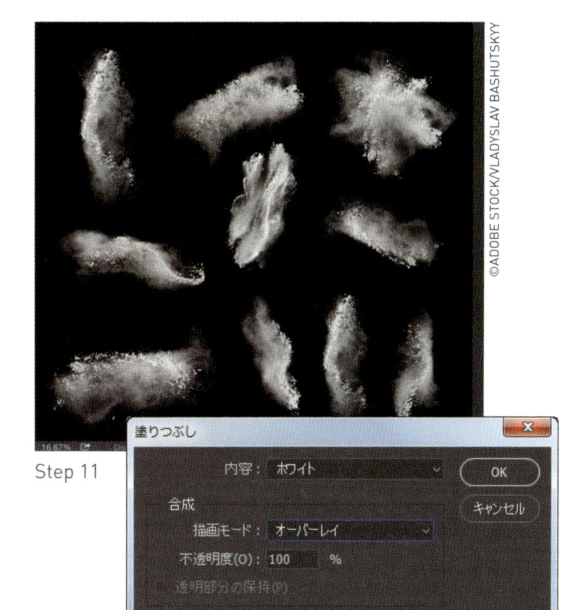

Step 11

Step 12

Step 13

Step 14

Step 15

STEP 14 [なげなわツール]（[L]キー）を使用して左上のパーティクルの形状をおおまかに選択したら、[移動ツール]（[V]キー）で選択範囲をつかんで、メインドキュメントにドラッグ&ドロップでコピーします。[レイヤー]パネルで、このレイヤーをペンキレイヤーの上に移動したら、カンバス内のペンキの右側に配置して、[自由変形]でサイズを調整します。さらに、[編集]メニュー>[変形]>[ワープ]を選択し、グリッドを使用してパーティクル要素の形状をペンキにうまく合わせます。最後に、背景により馴染むようにこのレイヤーの描画モードを[乗算]に変更します。

STEP 15 ペンキの左側には、別のパーティクル要素を使用するか、先ほど配置したパーティクルをコピーして使うこともできます。今回は後者を試してみましょう。先ほどのパーティクルレイヤーを選択した状態で[自由変形]をアクティブにし、バウンディングボックス内で右クリックして、[水平方向に反転]を選択します。反転できたらペンキの左側に配置して、再度[ワープ]を使い、形状に少し変化を加えます。

STEP 16 次に、ペンキレイヤーを選択して、レイヤーマスクを追加します。Step 7で使った黒い円形グラデーションを使用して、パーティクルのエッジの周囲をフェードさせ、不要な領域を消していきます。

Step 16

STEP 17 [レイヤー]パネルで一番上のレイヤーを選択し、[Alt]キー（[Option]キー）を押しながら[レイヤー]パネル右上のフライアウトメニューをクリックして、[表示レイヤーを結合]を選択します（または、[Ctrl] + [Alt] + [Shift] + [E]キー（[Command] + [Option] + [Shift] + [E]キー））。これにより、表示中のレイヤーを結合した状態の新規レイヤーが一番上に追加されます。

Step 17

Step 18

STEP 18 [Ctrl] + [Shift] + [U]キー（[Command] + [Shift] + [U]キー）を押して、レイヤーの彩度を下げます。[フィルター]メニュー>[フィルターギャラリー]を選択し、ギャラリーの中から[テクスチャ]>[粒状]を選択します。[密度]を25、[コントラスト]を3、[粒状の種類]を[小斑点]に設定して[OK]をクリックします。

STEP 19 [Ctrl] + [U]キー（[Command] + [U]キー）を押して、[色相・彩度]ダイアログを開きます。[色彩の統一]チェックボックスをオンにして、[色相]を30、[彩度]を50、[明度]を−10に設定したら[OK]をクリックします。

STEP 20 レイヤーの描画モードを[カラー]に変更したら、レイヤーマスクを追加します。[グラデーションツール]を選択し、オプションバーでツールの[不透明度]を75%に下げます（他はこれまでと同じ設定のままで大丈夫です）。中央の被写体領域に適度にグラデーションを追加して、単調な色合いに変化を与えます。

STEP 21 最後に[横書き文字ツール]でテキストを追加して完成です（ここでは、Swiss 721 Black Extended BT フォントを使用しました）。このテキストレイヤーは最上位に配置するようにしましょう。

次のページで、私が作成した最終イメージを確認できます。

ヒント：使用したいフィルターが[フィルターギャラリー]メニュー内に表示されていない場合は、[編集]メニュー（Mac の場合は Photoshop メニュー）>[環境設定]>[プラグイン]をクリックし、[すべてのフィルターギャラリーグループと名前を表示]のチェックボックスをオンにします。

Step 20

最終結果

2-4 ベクトルフレーム要素

ここでは、ベクトル要素を使ってデザインにフレームを追加するという、クリエイティブなテクニックを紹介します。このテクニックは、特に商業デザインなどに有効です。ベクトル要素は基本的に編集が容易で、好みのデザインを簡単に作ることができる便利な機能です。

STEP 01 まずは、今回使用する水滴の背景画像(Adobe Stock「#79106633」または演習用ファイル「4_VectorFrame1.jpg」)を開きます。

STEP 02 次に、[Ctrl] + [Shift] + [U]キー([Command] + [Shift] + [U]キー)を押して画像の彩度を下げます。[編集]メニュー>[パターンを定義]を選択して、この画像をパターンとして定義します。

STEP 03 [Ctrl] + [N]キー([Command] + [N]キー)を押して、[幅]1000px、[高さ]2000px、[カンバスカラー]が黒の新規ドキュメントを作成します。

STEP 04 [表示]メニュー>[新規ガイドレイアウトを作成]を選択します。[マージン]チェックボックスをオンにし、すべての辺を75pxに設定して[OK]をクリックします。

STEP 05 [長方形選択ツール]([M]キー)を使って、ガイドで定義した長方形を選択します。新規レイヤーを作成し、[Shift] + [Backspace]キー([Shift] + [Delete]キー)を押して[塗りつぶし]ダイアログを開き、[内容]を[50%グレー]に設定して[OK]をクリックします。

パターン名
パターン名(N)：Water Drops
OK
キャンセル

©ADOBE STOCK/AFRICA STUDIO

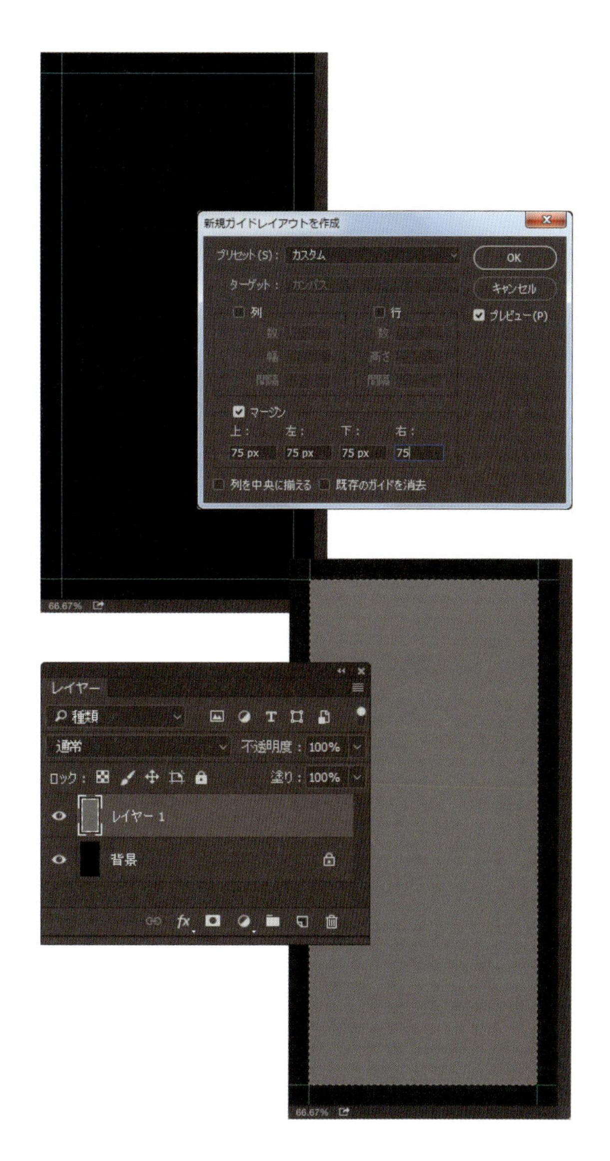

STEP 06 メインの被写体画像（Adobe Stock「#81577189」または演習用ファイル「4_VectorFrame2.jpg」）を開きます。今回のテーマはフィットネスです。メインドキュメントにこの画像をコピーし、[レイヤー]パネルでグレーのレイヤーの上にあることを確認します。[Ctrl] + [Alt] + [G]キー（[Command] + [Option] + [G]キー）を押してクリッピングマスクを作成し、[自由変形]を使ってフレームに合うようにスケールおよび配置します。

STEP 07 [レイヤー]パネルで背景レイヤーをクリックして、新規レイヤーを作成します。作成したレイヤーを基本色（50%グレーなど）で塗りつぶし、[パターンオーバーレイ]レイヤースタイルを選択します。[パターン]サムネールをクリックしてパターンピッカーを開き、定義しておいた水滴のパターンを選択します。[描画モード]を[オーバーレイ]に設定し、必要に応じて[比率]や配置の調整を行います。

現在のレイヤーの基本色がグレーであるため、[オーバーレイ]による変化はあまり感じられないかもしれませんが、レイヤーの色を変更すると、それに応じて水のテクスチャがブレンドされます。たとえば、ここではもう少し暗いグレーにレイヤーを塗り変えました。

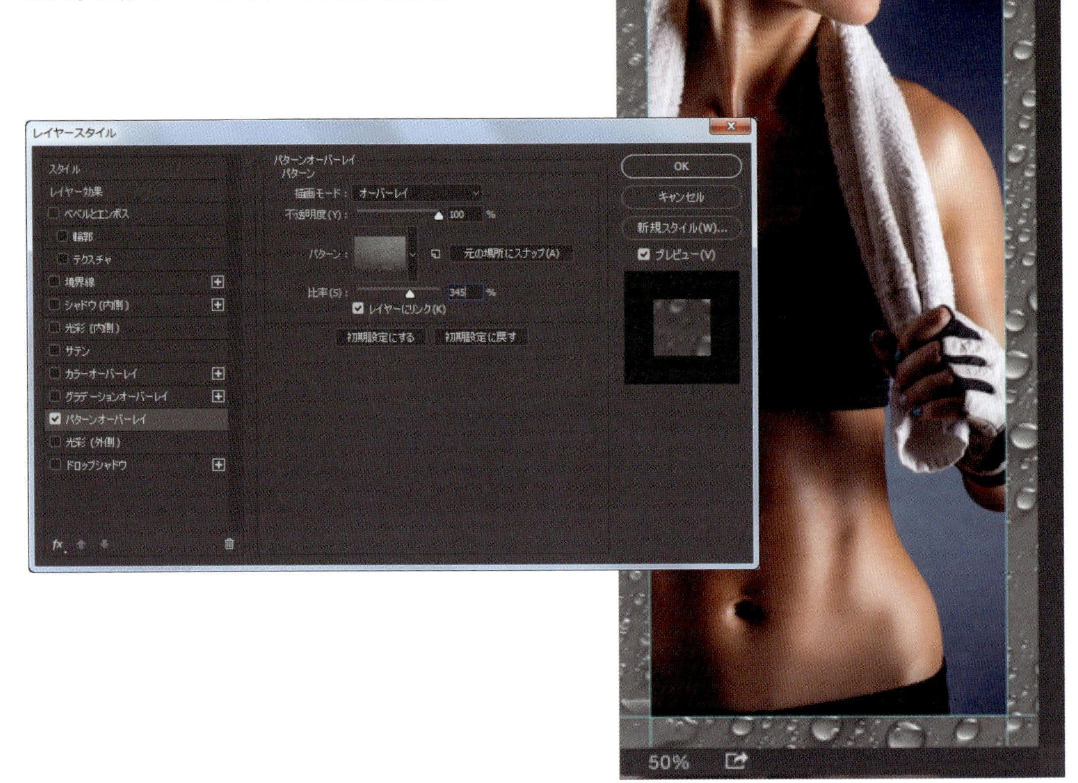

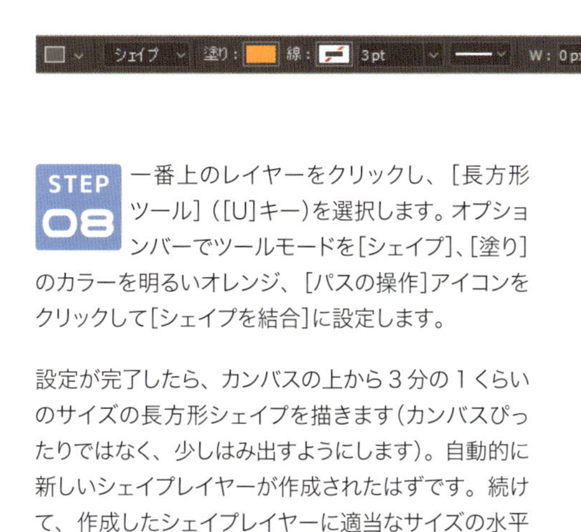

STEP 08 一番上のレイヤーをクリックし、[長方形ツール]([U]キー)を選択します。オプションバーでツールモードを[シェイプ]、[塗り]のカラーを明るいオレンジ、[パスの操作]アイコンをクリックして[シェイプを結合]に設定します。

設定が完了したら、カンバスの上から3分の1くらいのサイズの長方形シェイプを描きます(カンバスぴったりではなく、少しはみ出すようにします)。自動的に新しいシェイプレイヤーが作成されたはずです。続けて、作成したシェイプレイヤーに適当なサイズの水平のバー(長方形シェイプ)をあと数本追加します。

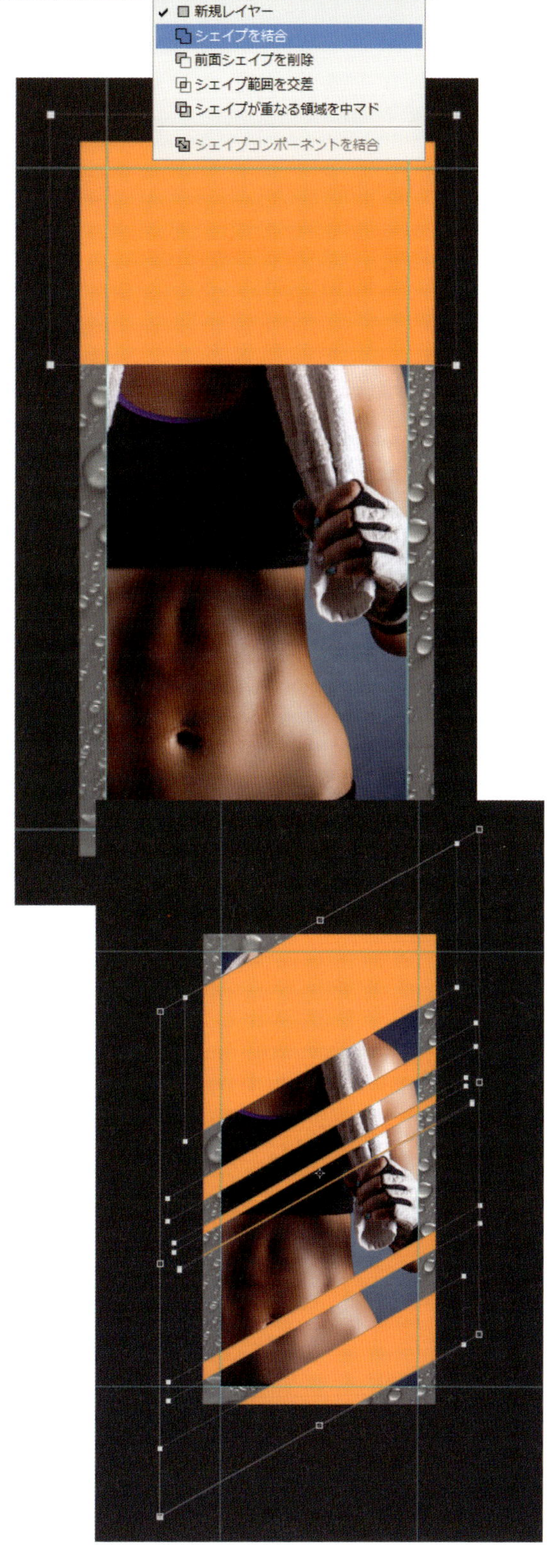

STEP 09 シェイプを配置できたら、[パスコンポーネント選択ツール]([A]キー)(黒い矢印アイコン)を使用して、作成したシェイプ(パス)をすべて選択します(すべてのシェイプの周りを矩形選択)。[編集]メニュー>[パスを変形]>[ゆがみ]を選択し、左右いずれかの側のコントロールポイントにマウスカーソルを合わせ、[Alt]キー([Option]キー)を押しながら上または下にドラッグし、シェイプ全体を傾けます。作業が終わったら[Enter]キー([Return]キー)を押して編集を確定します(シェイプの選択はまだ解除しないでください)。

STEP 10 ここからさらにシェイプを調整していきます。パスがすべて選択された状態で、再度[長方形ツール]を選択します。[Alt]キー([Option]キー)を押しながら、カンバス中央に縦長の長方形シェイプを作成します。既存のシェイプから、追加したシェイプ部分が削除されているはずです。[自由変形]を使用して、構図内で長方形の位置およびサイズを調整します(この後も調整を続けるため、[Enter]キー ([Return]キー)はまだ押さないでください)。

STEP 11 [編集]メニュー>[パスを変形]>[ワープ]を選択します。グリッドが表示されたら、各コーナー(ポイント)とそこから出るハンドルをドラッグして、長方形シェイプの形状(マスク効果)に変化を加えます。作業が終わったら[Enter]キー([Return]キー)を押します。

STEP 12 最後に、作成したシェイプレイヤーにいくつかレイヤースタイルを追加していきます。まずは、[グラデーションオーバーレイ]を

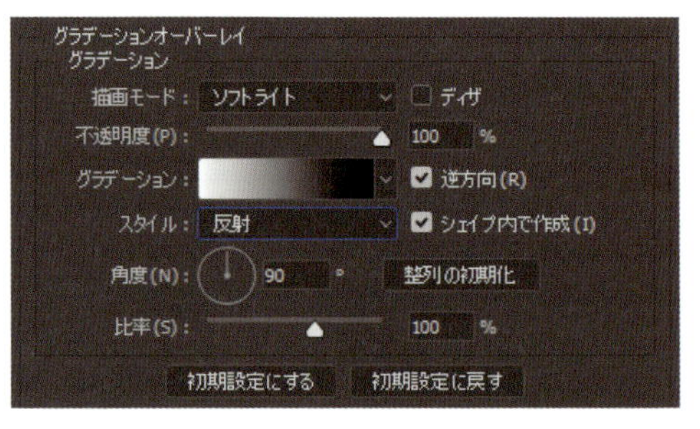

適用し、[描画モード]を[ソフトライト]、グラデーションの種類を[黒、白]、[スタイル]を[反射]に設定し、[逆方向]チェックボックスをオンにします。お好みでグラデーションの角度を変更しても良いです。

次に[ドロップシャドウ]をクリックして、[不透明度]を42%程度、[角度]の[包括光源を使用]にチェックを入れ127°程度にし、[距離]を26px、[スプレット]を0、[サイズ]を21px程度に設定します。

最後に、文字ツールを使用してテキストを追加するか、お好みでロゴ画像を配置して完成です。図の例では、Swiss 721 Black Extended BTフォントを使ったテキストを使用しています。

最終結果

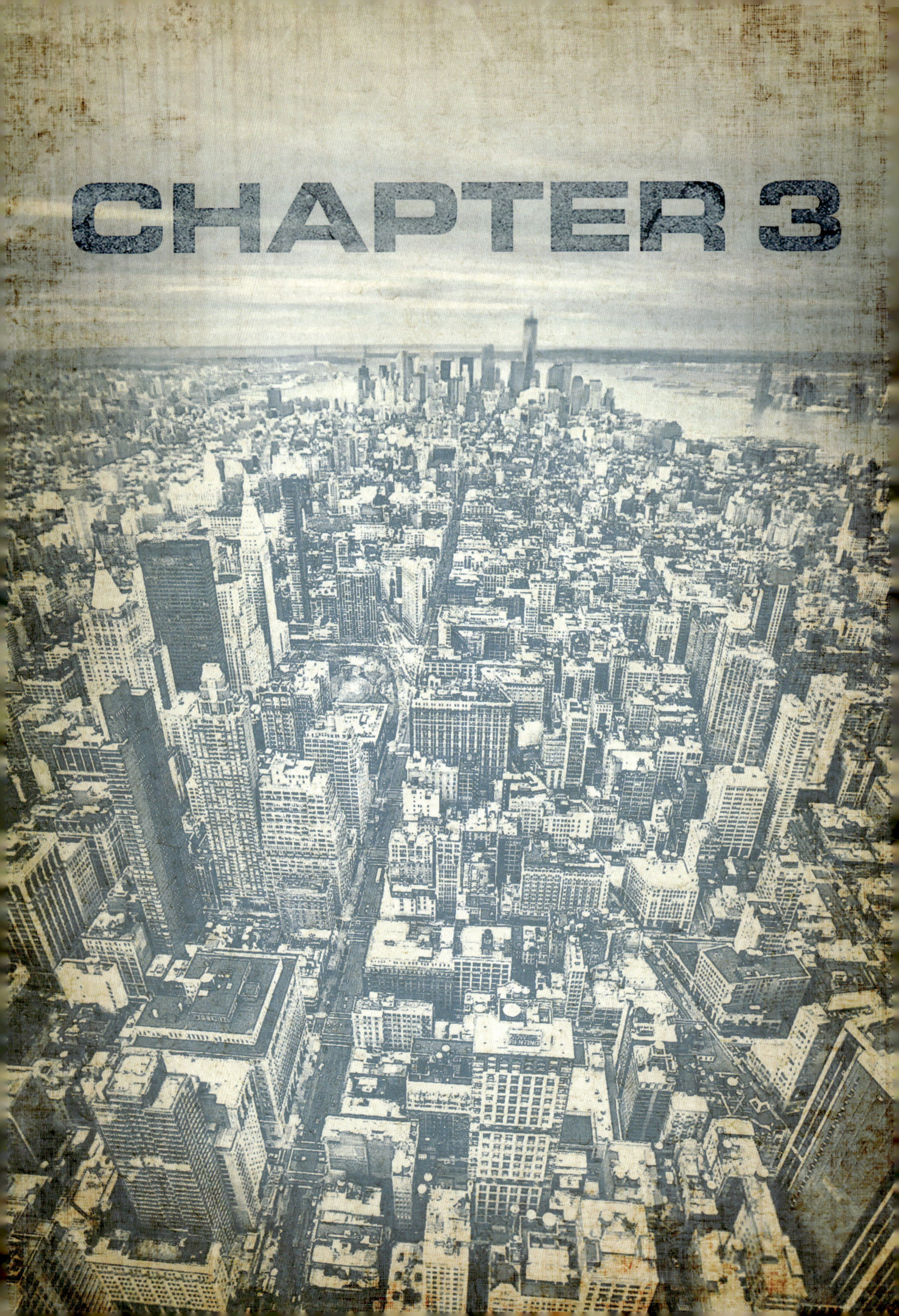

CHAPTER 3

グラフィックデザイン

Photoshopの素晴らしいところは、グラフィック要素、特にベクトルグラフィックスをデザインに際限なく取り込めることです。グラフィックエフェクトを写真やテクスチャ要素に適用できるのは言うまでもありません。この章ではグラフィックを使うコツをいくつか紹介しますので、是非習得してください。

3-1 写真のグラフィックとテクスチャをブレンドする

このエフェクトは、映画やテレビ番組の広告でよく使用されています。多少解像度の低い写真であっても、白黒画像に変換してテクスチャとブレンドすることで、それらしいデザインにできる巧妙なテクニックです。

STEP 01 [Ctrl] + [O]キー（[Command] + [O]キー）を押して、メインの被写体画像（Adobe Stock「#57840672」または演習用ファイル「1_GraphicFromPhoto1.jpg」）を開きます。今回のエフェクトでは被写体の抽出は行いませんが、背景はよりシンプルな方が理想的な結果を得られます。このシンプルなスタジオショットの背景には、中間色が使用されています。

STEP 02 [Ctrl] + [N]キー（[Command] + [N]キー）を押して、背景として使うテクスチャ画像（演習用ファイル「1_GraphicFromPhoto2.jpg」）を開きます。Adobe Stock などで入手できる似たようなテクスチャ画像を使っても構いません。

STEP 03 被写体のドキュメントに戻り、[Ctrl] + [Shift] + [U]キー（[Command] + [Shift] + [U]キー）を押して、画像の彩度を下げます。

©ADOBE STOCK/YSBRANDCOSIJN
©ADOBE STOCK/PAKHNYUSHCHYY

STEP 04 [Ctrl] + [L]キー（[Command] + [L]キー）を押して、[レベル補正]ダイアログを開きます。[オプション]ボタンの下にあるスポイト群から一番右のスポイト（[画像内でサンプルして白色点を設定]）を選択し、被写体の肩の右付近のグレーの背景領域をクリック（サンプリング）します。こうすると、背景のほとんどが明るいグレーまたは白になります（ダイアログはまだ閉じないでください）。

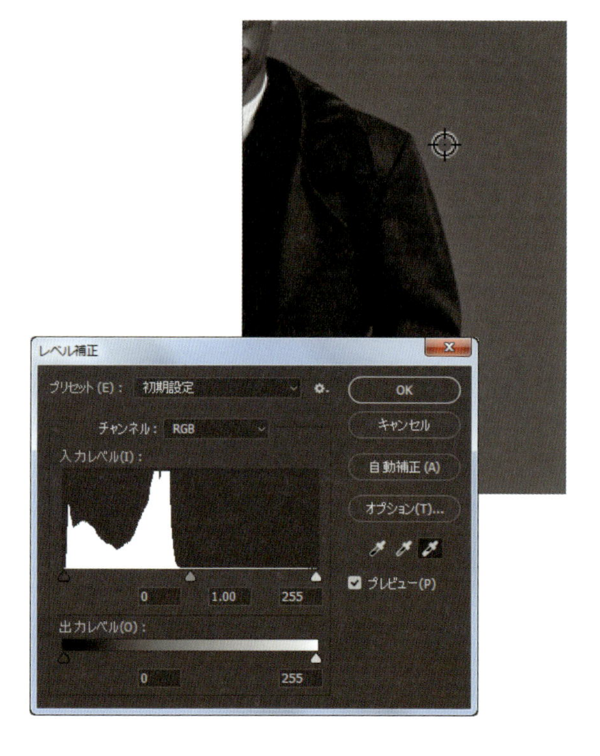

STEP 05 [レベル補正]ダイアログに戻り、ヒストグラムの下にある[入力レベル]のシャドウスライダ(左端)を右にドラッグします。また、中間調スライダ(中央)を少し右に動かしてから、ハイライトスライダ(右)を少し左にドラッグします。被写体が完全な白黒になるまでこの調整を続け、終わったら[OK]をクリックしてダイアログを閉じます。

STEP 06 被写体レイヤーを背景ドキュメントにコピーします。[自由変形]([Ctrl]+[T]キー([Command]+[T]キー))を使用して、元画像と同じような構図になるようスケールおよび配置します。

STEP 07 配置ができたら、被写体レイヤーの描画モードを[乗算]に変更します。これにより、テクスチャの上には暗い領域のみが表示されるようになります。

STEP 08 被写体のレイヤーに少し色味を追加したいので、[Ctrl] + [U]キー([Command] + [U]キー)を押して[色相・彩度]を開きます。[色彩の統一]チェックボックスをオンにして、[色相]を34、[彩度]を32程度に設定します。これにより被写体のレイヤーが暖色系の色合いになり、背景とより調和します。

STEP 09 色合いを追加した後にもう少し[レベル補正]を行うと、面白いカラー効果を得られます。私は図のようにスライダを移動させましたが、皆さん自身もいろいろ調整して好みの見栄えにしてみましょう。

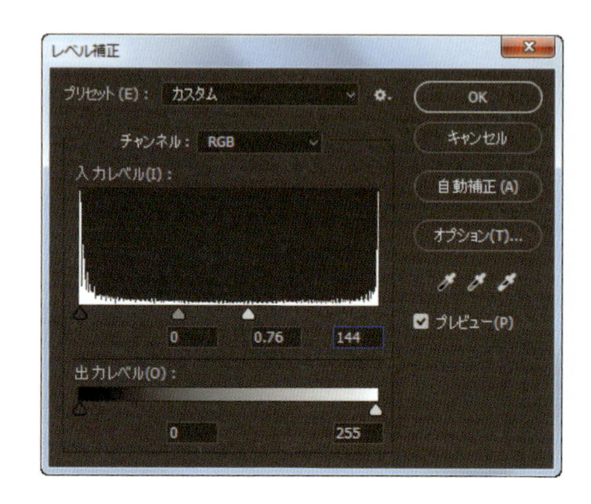

STEP 10 次に、このレイヤーに[レイヤー効果]レイヤースタイルを追加します。下部の[ブレンド条件]セクションで、[Alt]キー([Option]キー)を押しながら[下になっているレイヤー]の白いスライダをクリックして分割します。分割した左側のスライダを左にドラッグして背景テクスチャの一部が透けて見えるようにできたら、[OK]をクリックしてダイアログを閉じます。

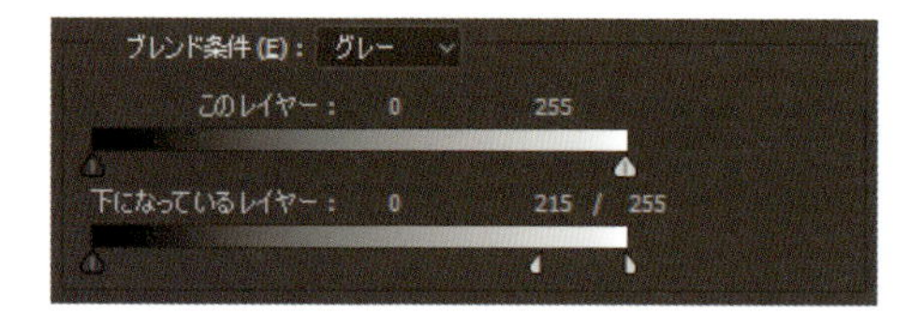

STEP 11 ここからはおまけの作業となりますが、右図のようなパーティクル画像(Adobe Stock「#30429740」または演習用ファイル「1_GraphicFromPhoto3.jpg」)を開き、メインドキュメントにコピーします。[レイヤー]パネルで、パーティクルレイヤーを[背景]レイヤーと被写体レイヤーの間に移動します。移動できたら、[自由変形]を使ってサイズと位置を適宜調整します。

©ADOBE STOCK/BURIY

STEP 12 レイヤーの描画モードを[焼き込みカラー]に変更し、[不透明度]を75%に下げます。これで完成ですが、必要に応じて文字ツールでテキスト要素を追加してみても良いです。

最終結果

3-2 図形要素

シンプルなグラフィック要素を適切に使用することで、インパクトのある画を作り出すこともできます。ここでは、シンプルなシェイプからカスタムブラシを作成し、背景要素にペイントするテクニックを紹介します。

STEP 01 [Ctrl] + [N]キー（[Command] + [N]キー）を押して、[幅]2000px、[高さ]1000px、[カンバスカラー]が白の新規ドキュメントを作成します。次に新規レイヤーを作成し、描画色を右図と同じような色(オレンジ)に設定します。[Alt] + [Backspace]キー（[Option] + [Delete]キー）を押し、設定した描画色でこのレイヤーを塗りつぶします。

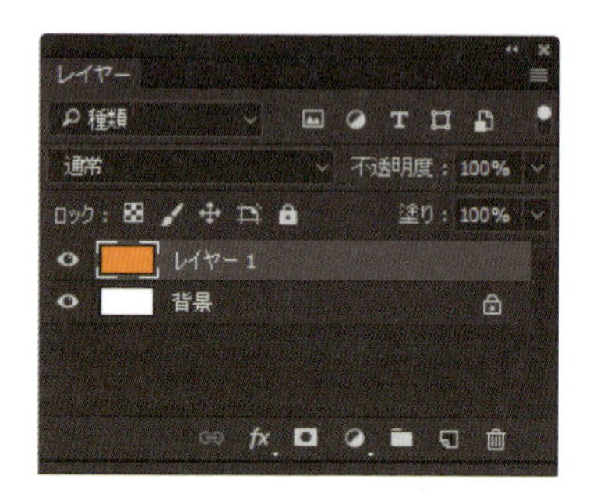

STEP 02 次にもう一度[Ctrl] + [N]キー([Command] + [N]キー)を押して、[幅]と[高さ]が 1000px、[解像度]が 300 ピクセル / インチ、[カンバスカラー]が白の新規ドキュメントを作成します。

STEP 03 [多角形ツール]（[Shift] + [U]キー）を選択します。オプションバーでツールモードを[シェイプ]に設定し、[塗り]をなし、[線]のカラーを黒に設定します。また、右端のほうで[角数]を3に設定します。

STEP 04 カンバスの中央をクリック&ドラッグして三角形を作成します。その際、カンバスからはみ出さないように注意してください。線の太さを変えたい場合は、オプションバーに戻り[線]のサイズを変更しても良いです。

ヒント：作成中にシェイプの位置を変更したい場合は、スペースバーを押しながらドラッグします。

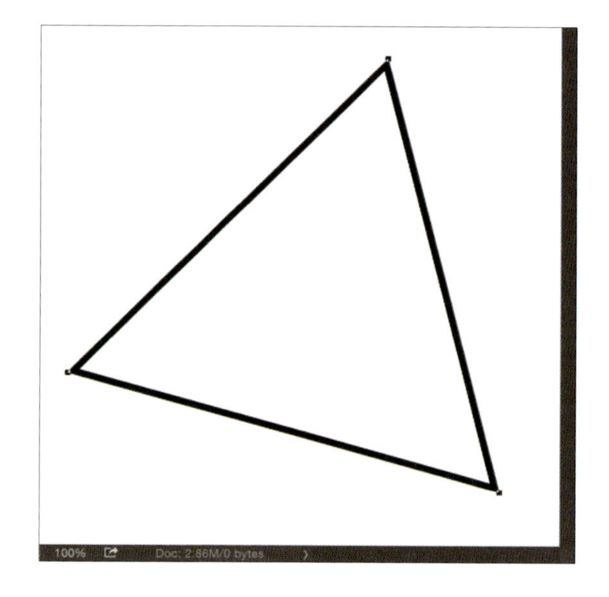

STEP 05 シェイプを作成できたら、[編集]メニュー>[ブラシを定義]を選択し、このシェイプ画像をブラシとして定義します。

STEP 06 最初に作成したドキュメントに戻り、[レイヤー]パネルでオレンジ色のレイヤーが選択されていることを確認して、[グラデーションオーバーレイ]レイヤースタイルを適用します。[描画モード]を[オーバーレイ]に設定し、[不透明度]を78%程度に下げ、[黒、白]のグラデーションを選択、[スタイル]を[円形]、[逆方向]チェックボックスをオン、[角度]を138°、[比率]を150%程度に増やします。

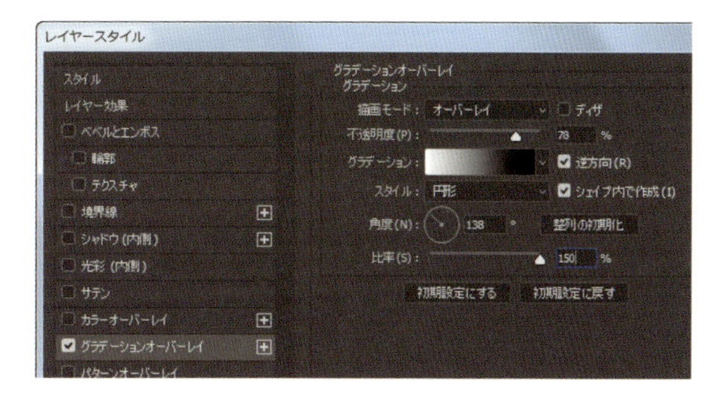

これらの設定が完了したら、カンバス内をドラッグしてグラデーションの中心を構図の左上付近に配置します(図を参照)。配置が終わったら[OK]をクリックします。

STEP 07 [ブラシツール]([B]キー)を選択し、先ほど作成した三角形のブラシが選択されていることを確認します。[ブラシ]パネル([ウィンドウ]>[ブラシ])を開きます。[ブラシ先端のシェイプ]をクリックし、[直径]を800px、[間隔]を150%程度に設定します。

次に左側の[シェイプ]をクリックし、[サイズのジッター]と[角度のジッター]を100%に設定します。最後に[散布]をクリックし、[両軸]チェックボックスをオンにして、[散布]の値を約120%に設定します。

STEP 08 ブラシの設定が完了したら、新規レイヤーを作成し、レイヤーの描画モードを[オーバーレイ]に設定します。[D]キー→[X]キーの順に押して描画色を白に設定したら、グラデーションの明るい領域からランダムに三角形をいくつか描きます。

STEP 09 最後におまけ要素として、グラフィックにブラー効果を追加していきましょう。まず、ツールボックスの下から2番目(2列の場合は左下)のクイックマスクのアイコンをダブルクリックします。[クイックマスクオプション]ダイアログで、[選択範囲に色を付ける]ラジオボタンがオンになっていることを確認し、カラースウォッチをクリックして明るいミディアムブルーを選択します。[不透明度]を75%に設定し、[OK]をクリックします。

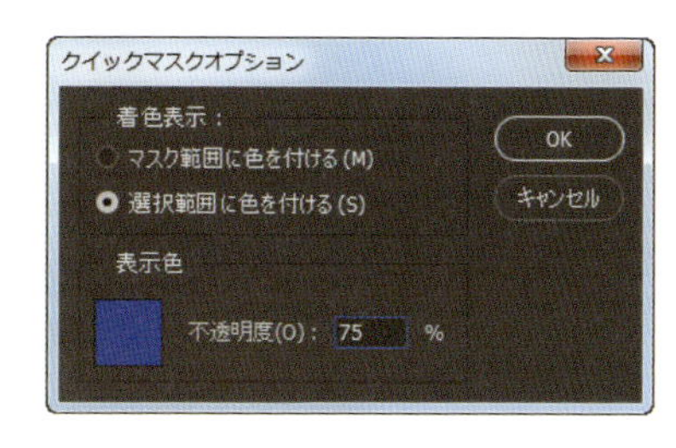

STEP 10 [グラデーションツール]（[G]キー）を選択し、オプションバーでグラデーションプリセットを[描画色から透明に]に設定します。続けて、[円形グラデーション]アイコンをクリックし、[Q]キーを押してクイックマスクモードをアクティブにします。カンバス内をクリック&ドラッグして、図のようにいくつかのグラデーションを作成します（青色は単なるマスクオーバーレイです）。再び[Q]キーを押してクイックマスクをオフにし、円形の選択範囲を確認します。

STEP 11 [フィルター]メニュー>[ぼかし]>[ぼかし（ガウス）]を選択し、[半径]を10px程度に設定して[OK]をクリックします。最後に[Ctrl]＋[D]キー（[Command]＋[D]キー）を押して選択を解除したら、背景の完成です。

STEP 12 次に被写体画像とマスクの作成を行っていきます。スキーヤーの画像（Adobe Stock「#91015610」または演習用ファイル「2_GeometricShape1.jpg」）を開き、背景のメインドキュメントにコピーします。[自由変形]を使用して、スケールと位置を調整します。

©ADOBE STOCK/SAMOTT

STEP 13 次に、テクスチャを使ってマスクを作成していきます。マスクとして使用したいテクスチャ画像（Adobe Stock「#98741819」または演習用ファイル「2_GeometricShape2.jpg」）を開き、[Ctrl]＋[Shift]＋[U]キー（[Command]＋[Shift]＋[U]キー）を押して、画像の彩度を下げます。

続けて、[Shift]＋[Backspace]キー（[Shift]＋[Delete]キー）で[塗りつぶし]ダイアログを開き、[内容]を[ブラック]、[描画モード]を[オーバーレイ]に設定し、[OK]をクリックします。

©ADOBE STOCK/DULE964

STEP 14 [Ctrl] + [I]キー([Command] + [I]キー)を押して、階調を反転します。[チャンネル]パネルを開き、[Ctrl]キー([Command]キー)を押しながら[RGB]チャンネルのサムネールをクリックして、白の領域を選択領域として読み込みます。

STEP 15 [M]キーを押して[選択ツール]を選択し(どの選択ツールでもOKです)、選択範囲をメインドキュメントにドラッグ&ドロップで読み込みます。[レイヤー]パネルで被写体レイヤーが選択されていることを確認し、[レイヤーマスクを追加]アイコンをクリックして、選択領域で画像をマスクします。

STEP 16 画像とマスクサムネールの間にある鎖のリンクアイコンをクリックして、リンクを解除します。次に、右側のマスクサムネールを選択し、[自由変形]を使用して被写体(スキーヤー)に合わせてマスクの配置を調整します。完成画像は、次のページに掲載しています。ここでも、必要に応じてテキストを追加するとより完成度が上がるので是非試してみてください。

Step 15

Step 16

最終結果

3-3 手軽なHUD要素

©ADOBE STOCK/FET

ここでは、HUD（ヘッドアップディスプレイ）要素を使った作例を紹介していきます。HUD グラフィックスは、SF や機械的なデザインによく用いられますが、実はさまざまな場面で使うことができます。デザイン全体をクールで洗練された印象に仕上げることができるので、是非作品に取り入れてみてください。

STEP 01 まずは、今回使用する HUD グラフィック（Adobe Stock「#31839846」または演習用ファイル「3_InstantHud1.jpg」）を開きます。似たようなイメージのものであれば、別の素材を使用していただいても構いません。

STEP 02 [D]キーを押して描画色と背景色をデフォルトに戻したら、[イメージ]メニュー>[色調補正]>[グラデーションマップ]を選択します。ダイアログが表示されたら[OK]をクリックします。これにより、白と黒のコントラストがより明確になります。

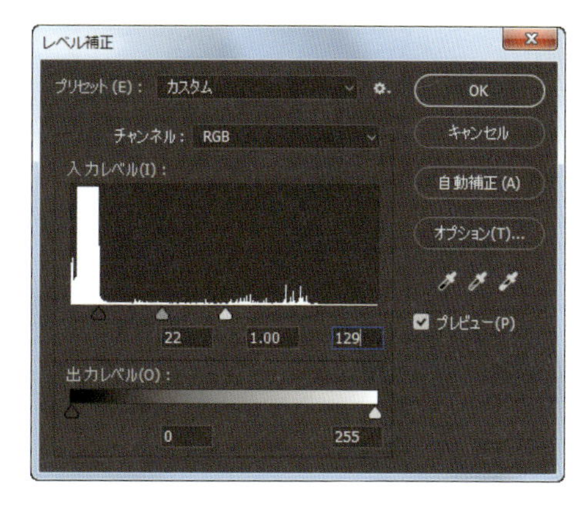

STEP 03 [レベル補正]（[Ctrl] + [L]キー（[Command] + [L]キー））を使用して、さらにコントラストを高めます。ここでのポイントは、背景のほとんどを黒にして、明るい領域をより白に近付けることです。図を見ると、ここではグレーの領域も若干維持するようにスライダを調整したことが分かります。作業が終わったら[OK]をクリックします。

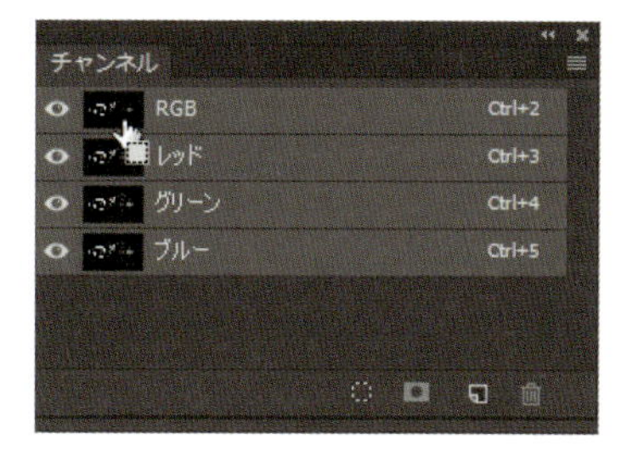

STEP 04 [チャンネル]パネルで、[Ctrl]キー（[Command]キー）を押しながら[RGB]チャンネルサムネールをクリックし、明るい領域を選択範囲として読み込みます。[Ctrl] + [J]キー（[Command] + [J]キー）を押して、この選択領域を新規レイヤーにペーストします。

STEP 05 背景レイヤーを非表示にして、[編集]メニュー>[パターンを定義]を選択し、この画像をパターンとして定義します。

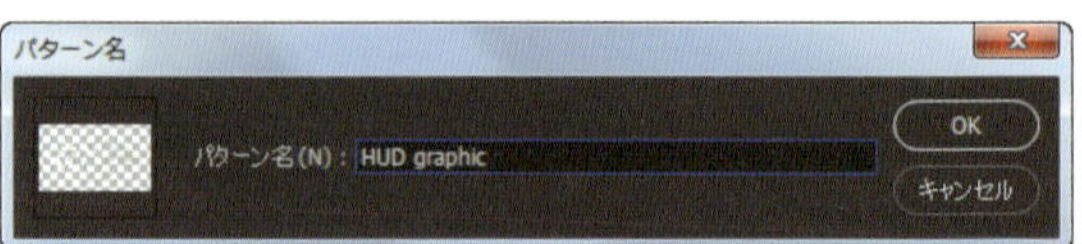

STEP 06 次に、定義したグラフィック要素を適用するための被写体画像（Adobe Stock「#82759256」または演習用ファイル「3_InstantHud2.jpg」）を開きます。続けて、[Ctrl]＋[N]キー（[Command]＋[N]キー）を押して、[幅]2000px、[高さ]1000px、[カンバスカラー]が白の新規ドキュメントを作成します（これがドキュメントになります）。被写体レイヤーをメインドキュメントにドラッグ＆ドラッグでコピーし、[自由変形]を使用してサイズと位置を調整します。

©ADOBE STOCK/ARTEM FURMAN

STEP 07 新規レイヤーを作成し、[Shift]＋[Backspace]キー（[Shift]＋[Delete]キー）を押して、ポップアップメニューで[内容]を[50％グレー]、[描画モード]を[通常]に設定して塗りつぶします。

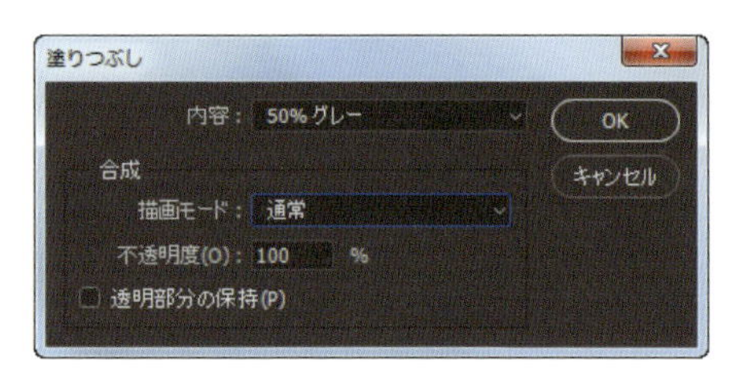

次に、このレイヤーに[パターンオーバーレイ]レイヤースタイルを適用します。[パターン]サムネールをクリックし、Step 5で定義しておいたパターンを選択します。[描画モード]を[オーバーレイ]、[不透明度]を75％に設定し、パターンがちょうどいいサイズになるまで[比率]を適宜調整します。配置は次のステップで調整するので、ダイアログを開いたまま次に進みます。

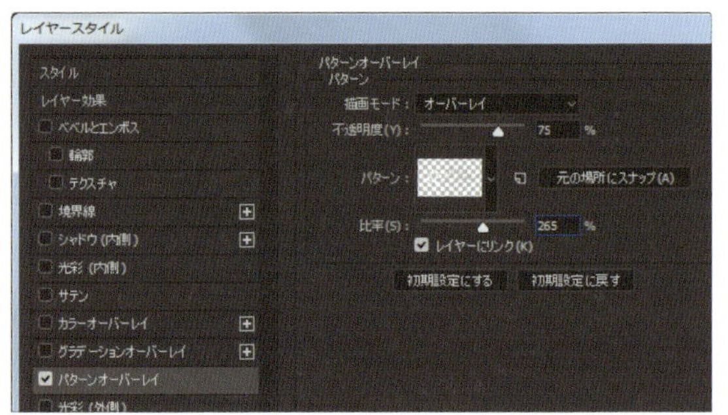

STEP 08 左側の項目から[レイヤー効果]をクリックして、[高度な合成]セクションで[塗りの不透明度]を0%に下げます。カンバス内をドラッグして、グラフィックの位置を調整します。配置が完了したら[OK]をクリックしてダイアログを閉じます。

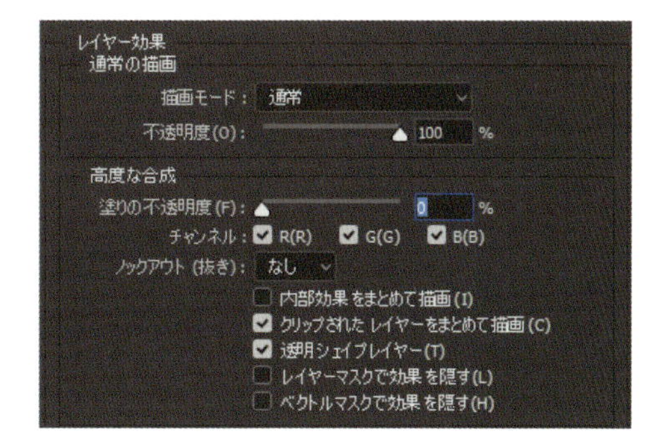

STEP 09 最後に[横書き文字ツール]（[T]キー）を使用して、右下あたりに太めのゴシックフォントで白いテキストを追加します（私はEurostile Extendedというフォントを使用しました）。作成したテキストレイヤーに、[境界線]レイヤースタイルを適用し、[サイズ]を2px程度、[位置]を[外側]、[カラー]を白に設定します。続けて、[レイヤー効果]に移動し、[描画モード]を[オーバーレイ]に変更して、[不透明度]を少し下げます。

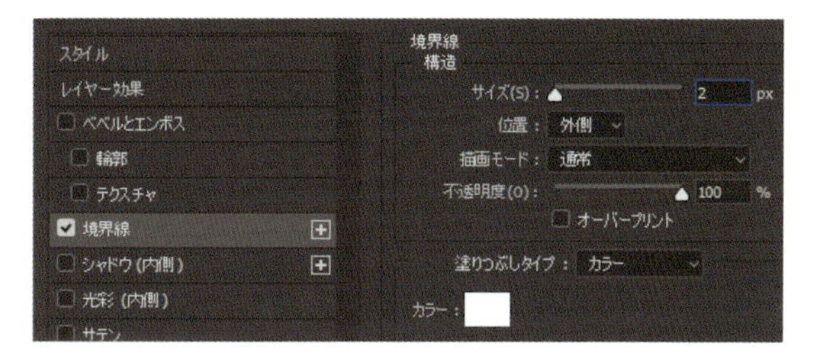

これで完成ですが、ここでのHUD要素はレイヤースタイルとして適用されているため、いつでも設定を変更することができます。お好みで調整を加えてみても良いでしょう。

最終結果

3-4 フレーム要素と写真をブレンドする

シンプルな要素を使って魅力的なデザイン効果を出す好例をもう１つ紹介しましょう。シェイプツールで描いた四角形のシンプルなフレームを写真に追加し、特定の要素をマスクするだけで、即座に写真を広告のような見栄えにすることができます。

STEP 01 まずは、ここで使用する被写体写真（Adobe Stock「#92347429」または演習用ファイル「4_BlendingFrame.jpg」）を開きます。似たようなイメージであれば、ご自身で用意された写真でも構いません。

STEP 02 ツールボックスから[長方形ツール]（[U]キー）を選択し、オプションバーでツールモードが[シェイプ]に設定されていることを確認します。[塗り]をなし、[線]のカラーを白に設定します。ここでは線の幅をデフォルトの3ptのままにしていますが、別の画像を使用している場合は適宜変更してください。

STEP 03 図のように、カンバス内をドラッグして長方形シェイプを作成します。自動的に新しいシェイプレイヤーが作成され、[パス]パネル（[ウィンドウ]＞[パス]）に定義されたパスが追加されます。

STEP 04 [レイヤー]パネルで[背景]レイヤーを選択し、ツールボックスから[クイック選択ツール]（[W]キー）を選択します。被写体と長方形のラインが重なっている部分、つまり頭部の一部（長方形の上部）および腕と脇腹（長方形の下部）の部分を選択します（[Shift]キーを使えば複数選択可能です）。

STEP 05 選択範囲を作成できたら、今度はシェイプレイヤーを選択します。次に、[Alt]キー([Option]キー)を押しながらパネル下部の[レイヤーマスクを追加]アイコンをクリックして、マスクを作成します。

STEP 06 [背景]レイヤーを選択し[、Ctrl] + [J]キー([Command] + [J]キー)を押して複製します。複製したレイヤーをひとまず非表示にし、再度[背景]レイヤーを選択します。パネル下部にある[塗りつぶしまたは調整レイヤーを新規作成]アイコンから[色相・彩度]調整レイヤーを追加します。

STEP 07 [属性]パネルで[色彩の統一]チェックボックスをオンにして、[色相]を33、[彩度]を26、[明度]を10に設定します。

STEP 08 [レイヤー]パネルで[色相・彩度]のレイヤーの[不透明度]を55%程度に下げます。複製レイヤーの表示を元に戻し、[Alt]キー([Option]キー)を押しながら[レイヤーマスクを追加]アイコンをクリックします。これにより、[すべての領域を隠す]レイヤーマスクが追加されます。この操作は、[レイヤー]メニュー>[レイヤーマスク]>[すべての領域を隠す]を選択しても行えます。

Step 5

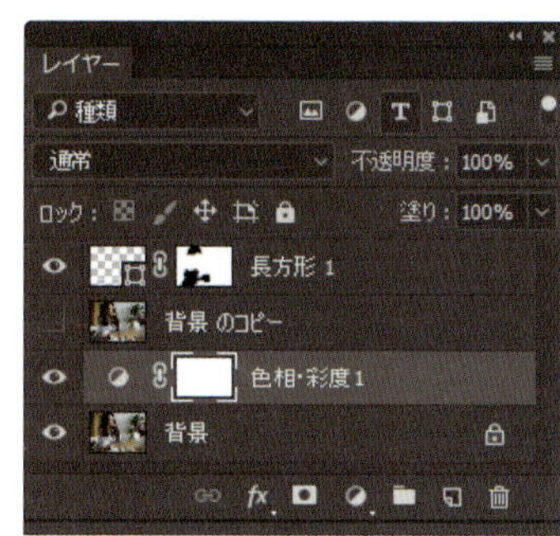

Step 6

Step 8

STEP 09 描画色を白に設定し、[グラデーションツール]（[G]キー）を選択します。オプションバーでグラデーションプリセットを[描画色から透明に]に設定し、[円形グラデーション]アイコンをクリックします。レイヤーマスクを選択した状態で、被写体の領域にグラデーションを少し追加して元の色をほどよく再現します。

STEP 10 最後に[横書き文字ツール]（[T]キー）を使用して、フレーム内にテキストを追加すれば完成です（ここではFutura Condensed Boldフォントを使用しました）。こうしたシンプルな要素をいくつか組み合わせるだけでも、画像の全体的な印象を変えることができます。

Step 9

最終結果

3-5 写真とテクスチャによるグラフィック広告

これは、あるテレビ番組の広告からヒントを得たエフェクトです。写真とテクスチャ要素をうまく融合して、クールなデザインに仕上げています。テキストエフェクト同様、このテクニックもほぼどんなデザインにも応用できます。

STEP 01 まずは、背景として使用するテクスチャ画像（演習用ファイル「5_GraphicAd1.jpg」）を開きます。似たようなテクスチャ画像であれば、別の素材を使用しても構いません。この画像の特徴は、円形グラデーションのように外側に向かって徐々に暗くなっている点です。

©ADOBE STOCK/ROYSTUDIO

STEP 02 今回の広告のテーマは「シカゴの警察劇」なので、シカゴの都市を遠景から写した景観写真（Adobe Stock「#27784842」または演習用ファイル「5_GraphicAd2.jpg」）を開きます。

©ADOBE STOCK/MIKE LIU

STEP 03 [Ctrl] + [N]キー（[Command] + [N]キー）を押して、[幅]2000px、[高さ]1000pxの新規ドキュメントを作成します（[カンバスカラー]は何色でも構いません）。次に、先ほどの景観写真をこのドキュメントにコピーし、[自由変形]を使用してスケールと位置を調整します。

STEP 04 都市のレイヤーに戻り、[Ctrl] + [Shift] + [U]キー（[Command] + [Shift] + [U]キー）を押して画像の彩度を下げます。次に、[フィルター]メニュー>[フィルターギャラリー]をクリックし、ギャラリーの中から[テクスチャ]>[粒状]を選択します。右側のカラムで[粒状の種類]を[小斑点]に設定し、[密度]を7、[コントラスト]を3に設定して[OK]をクリックします。

STEP 05 [編集]メニュー>[「フィルターギャラリー」をフェード]を選択し、[描画モード]を[ハードライト]に設定したら、[OK]をクリックします。これで、都市の写真についての処理は完了です。

STEP 06 都市の画像（レイヤー）をメインドキュメントにコピーし、[自由変形]を使ってカンバスの下部に配置します。[レイヤー]パネルでこのレイヤーの描画モードを[乗算]に設定したら、レイヤーマスクを追加します。描画色を黒に設定し、[グラデーションツール]（[G]キー）を選択します。オプションバーでグラデーションプリセットを[描画色から透明に]に設定し、[線形グラデーション]アイコンをクリックします。カンバスの上部中央辺りから下方向に向かって、[Shift]キーを押しながら何度かドラッグし、都市のレイヤーの境界線をフェードさせます。

STEP 07 [レイヤー]パネルで都市レイヤーの画像サムネール（マスクではありません）を選択し、[Ctrl] + [U]キー（[Command] + [U]キー）を押して[色相・彩度]ダイアログを開きます。[色彩の統一]チェックボックスをオンにして、[色相]を 209、[彩度]を 39、[明度]を 25 程度に設定します。

STEP 08 ツールボックスから[横書き文字ツール]（[T]キー）を選択し、都市の上空の空きスペースをクリック（またはドラッグ）して、新しいテキストレイヤーを追加します。ここでは、Eurostile Extended 2 と Eurostile Bold Extended 2 フォントでタイトルを設定し、色についてはグラフィックの暗い青の領域をサンプリングしました。さらに、テキストレイヤーの描画モードを[乗算]に変更し、少しだけ暗くしています。

STEP 09 次に、テキストレイヤーに[パターンオーバーレイ]レイヤースタイルを適用します。パターンピッカーをクリックし、Chapter 1「1-1 石器時代風のテキスト」の演習で使用したひび割れたテクスチャを選択します。[描画モード]を[ハードライト]、[不透明度]を40%に設定し、[比率]を適宜調整します。まだ[OK]はクリックせずに、次の手順に進んでください。

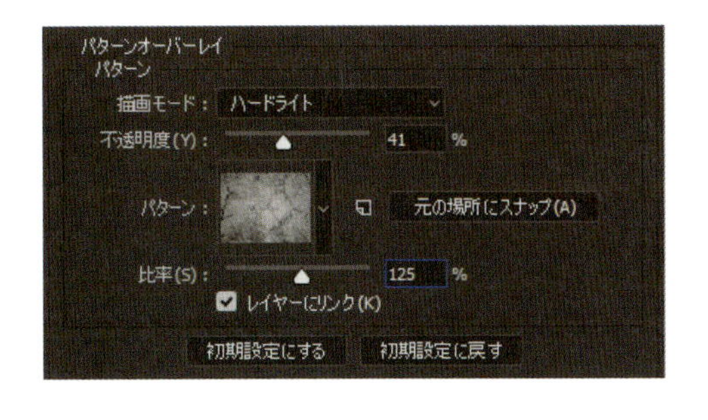

STEP 10 [レイヤー効果]に移動し、[ブレンド条件]セクションで[Alt]キー（[Option]キー）を押しながら[下になっているレイヤー]の白いスライダをクリックして分割します。分割した左側のスライダを少し左にドラッグします。これにより、背景テクスチャが少し透けて見えるようになります。[OK]をクリックしてダイアログを閉じます。

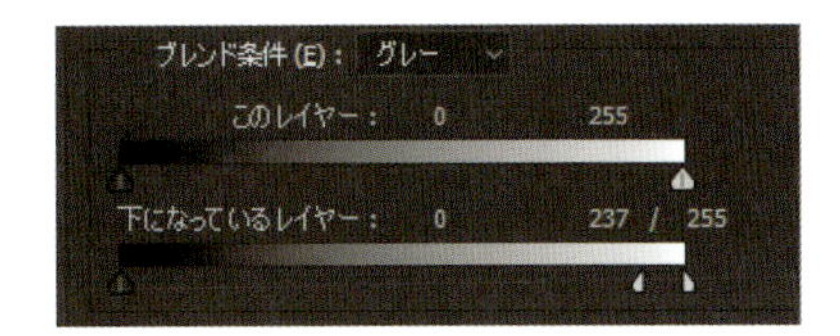

STEP 11 最後に、背景テクスチャをもう少しだけ際立たせましょう。新規レイヤーを作成し、レイヤーの描画モードを[焼き込みカラー]に変更します。[グラデーションツール]を選択し、[描画色から透明に]が選択されていることを確認して、[円形グラデーション]アイコンをクリックします。[Alt]キー（[Option]キー）を押しながら、カンバスの背景テクスチャ部分（端の薄茶色の領域）の色をサンプリングして、描画色に設定します。

グラデーションの設定ができたところで、背景テクスチャの境界線付近を中心に、軽くグラデーションを追加すれば完成です。全体的なコントラストが強まり、より印象的なビジュアルに仕上がりました。

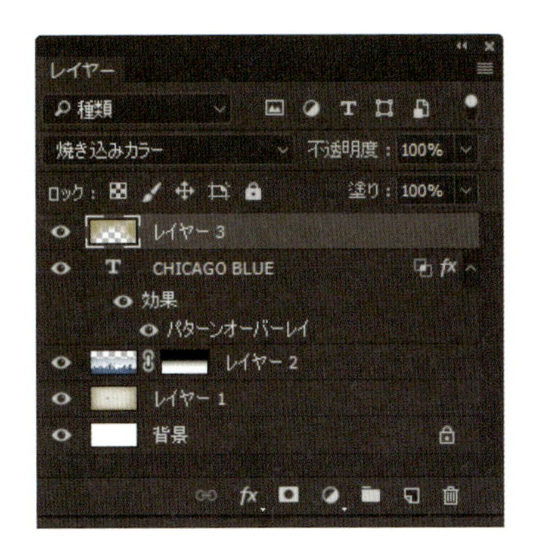

最終結果

Chapter Four

4

写真を使ったデザイン

近年では、写真が一切使用されていないデザインのほうが珍しくなってきています。写真はデザインの一部であり、デザインそのものにもなり得ます。この章では、一見すると特徴のないごく一般的な写真を、素晴らしいデザイン要素へ変える方法をいくつか紹介していきます。

4-1 スケッチフェードエフェクト

今回紹介するエフェクトは、私がもう何年も使用している非常に素晴らしいエフェクトです。簡単なうえに、ほぼどんな写真でも使えます。私はよくこのエフェクトを使用して、退屈な写真を少し面白くしたり、商業デザインの背景として活用したりしています。

STEP 01 まずは、[Ctrl] + [N]キー（[Command] + [N]キー）を押して、[幅]2000px、[高さ]1300px、[カンバスカラー]が白の新規ドキュメントを作成します。このドキュメントをメインにデザインを展開していきます。

STEP 02 次に[Ctrl] + [O]キー（[Command] + [O]キー）を押して、今回使用する被写体画像（演習用ファイル「1_SketchFade1.jpg」）を開きます。似たような素材であれば、ご自身で用意されたものでも構いません。

STEP 03 もう１つ、今度はデザインのベースとなる明るい色のテクスチャ画像（演習用ファイル「1_SketchFade2.jpg」）を開きます。こちらも、地味な単色の画像などで代用することが可能です。この画像（レイヤー）をメインドキュメントにコピーし、[自由変形]（[Ctrl] + [T]キー（[Command] + [T]キー））を使用して、ドキュメントに合うようにスケールします。

STEP 04 続いて、Step 2で開いた被写体画像をこのドキュメントにコピーします。先ほどと同じように、[自由変形]を使ってカンバス領域に合うようスケールします。[Ctrl] + [J]キー（[Command] + [J]キー）を押してこのレイヤーを複製し、複製レイヤーを非表示にしておきます。

STEP 05 元の被写体レイヤーを選択し、[フィルタ]メニュー>[表現方法]>[輪郭検出]を選択します。これにより、写真がスケッチ風の見た目になります。ラインに若干色が付いているので、[Ctrl] + [Shift] + [U]キー（[Command] + [Shift] + [U]キー）を押して、黒と白にします。次に、[Ctrl] + [L]キー（[Command] + [L]キー）を押して[レベル補正]ダイアログを開きます。ハイライト（白）と中間調（ライトグレー）のスライダを調整して背景を白にし、グレーの領域を減らします。調整が終わったら[OK]をクリックしてダイアログを閉じます。

©ADOBE STOCK/ASJACK
©ADOBE STOCK/ROYSTUDIO

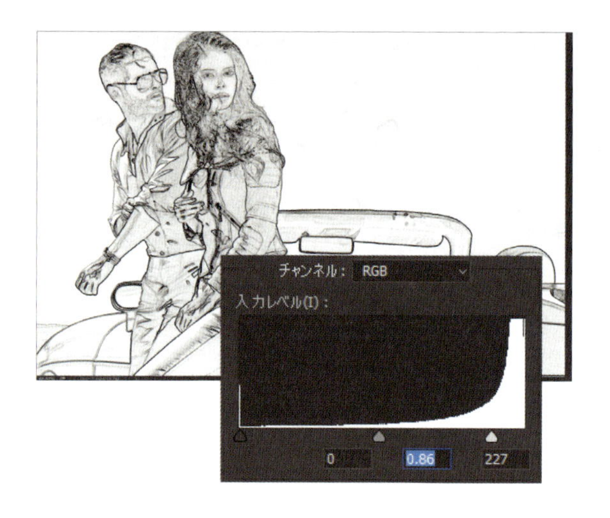

STEP 06 今回、想定していたよりもラインが太くなってしまったので、これを修正しましょう。[フィルタ]メニュー>[その他]>[明るさの最大値]を選択します。ダイアログが開いたら、[保持]ポップアップメニューで[真円率]を選択し、[半径]の値を0.5に設定します(他の画像を使っている場合は、より高い設定が必要かもしれないので、いくつか別の値も試してみてください)。設定が完了したら、[OK]をクリックします。

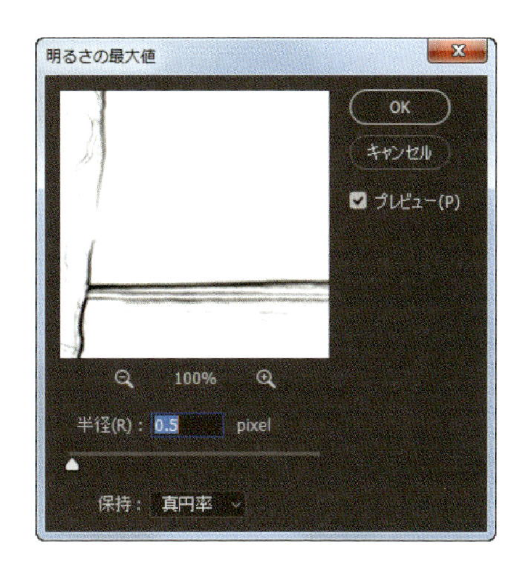

STEP 07 レイヤーの描画モードを[乗算]にし、[不透明度]を75%程度に下げます。次に、[Ctrl] + [U]キー([Command] + [U]キー)を押して、[色相・彩度]ダイアログを開きます。[色彩の統一]チェックボックスをオンにして、ラインが好みの色になるように[色相]スライダを調整します。ここでは 191 に設定して、明るめの青にしました。[OK]をクリックします。

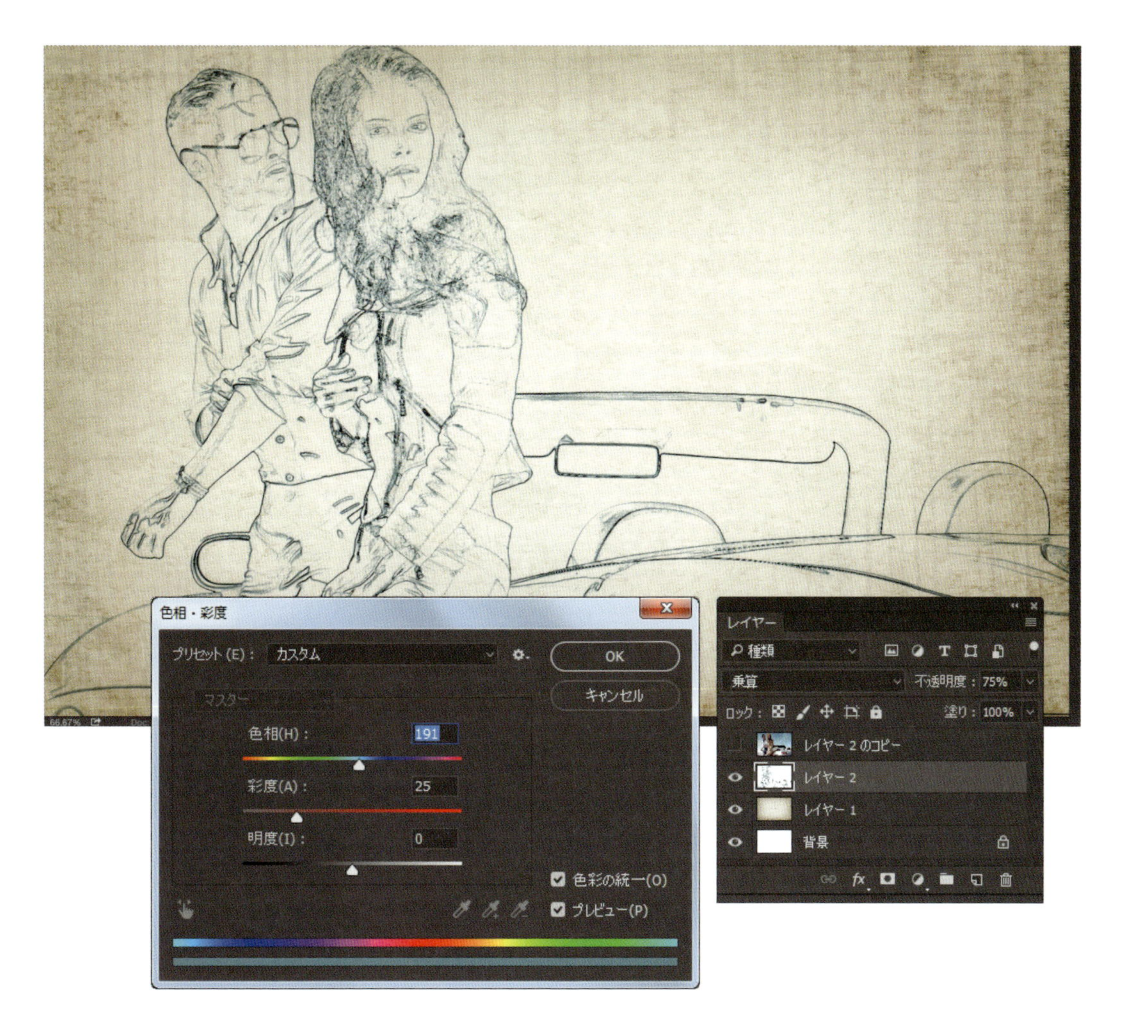

STEP 08 [レイヤー]パネルの一番上にある複製レイヤーを選択し、表示を元に戻します。[フィルター]メニュー>[フィルターギャラリー]をクリックしてから、[テクスチャ]>[粒状]を選択します。使用する画像によって設定が異なりますが、今回のケースでは[粒子の種類]を[小斑点]、[密度]を10、[コントラスト]を15に設定し、[OK]をクリックします。

STEP 09 レイヤーの描画モードを[乗算]に設定して、[Alt]キー（[Option]キー）を押しながら[レイヤーマスクを追加]アイコンをクリックします。レイヤー全体を隠す黒いレイヤーマスクが追加されます。

STEP 10 ツールボックスから[ブラシツール]（[B]キー）を選択し、オプションバーのブラシピッカーからシンプルなソフト円ブラシを選択します。次に、[ブラシ]パネル（[ウィンドウ]>[ブラシ]）を開きます。ここではペンタブレットの使用をおすすめしますが、その場合は、左側の[その他]をクリックし、[不透明度のジッター]と[インク流量のジッター]の[コントロール]ポップアップメニューを[筆圧]に設定します。ペンタブレットを使わない場合は、オプションバーでブラシの[不透明度]や[流量]を適宜調整しながらペイントする必要があります。低めの数値に設定し、ストロークを重ねながら具合を見ていく形になります。

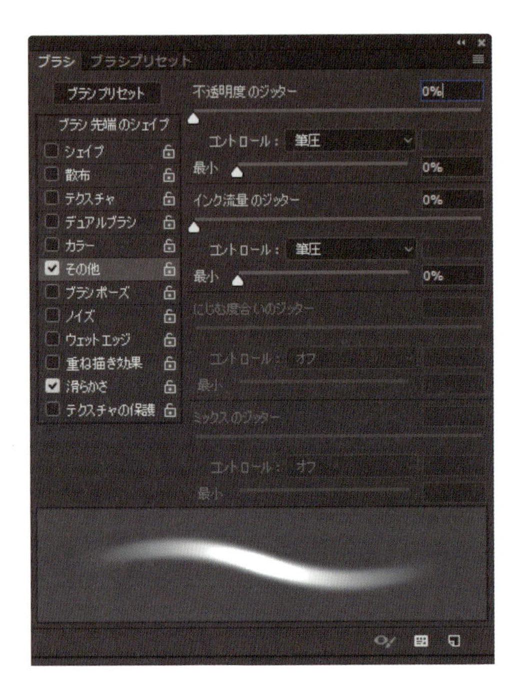

STEP 11 [D]キーを押して描画色を白に設定したら、元の色を表示したい領域をブラシでペイントしていきます。どの程度表示するかはお好みですが、やり過ぎは禁物です。良い感じになったら、テキストまたはロゴを追加して、広告のようなビジュアルに仕上げれば完成です。ここでは、Chapter 3「3-3 手軽なHUD要素」で出てきたテキストレイヤー（Futura Mediumフォント）に[境界線]レイヤースタイルを適用する手法を用いました。

最終結果

4-2 様式化された光エフェクト

ここでは、「光」と「色」の面白いエフェクトテクニックを紹介します。スタジオで撮影した被写体の写真を屋外シーンにブレンドして、ファンタジーチックな光を表現します。

©ADOBE STOCK/GROMOVATAYA

STEP 01 [Ctrl] + [O]キー（[Command] + [O]キー）を押して、使用したい被写体画像（Adobe Stock「#67749944」または演習用ファイル「2_StylizedLight1.jpg」）を開きます。被写体を抽出する必要があるので、まずは[クイック選択ツール]（[W]キー）を使用して被写体領域を選択範囲として読み込みます。髪の毛などの細かい部分はこの後調整を行うので、ここではざっくりで構いません。

STEP 02 オプションバーにある[選択とマスク]ボタンをクリックします。左側のツールバーで[境界線調整ブラシツール]を選択し、オプションバーまたはキーボードでブラシサイズを調整して、直径が被写体の目よりも少し大きいくらいのサイズにします。さらに、右側の設定領域で[コントラスト]を約15%に高め、髪の毛などのソフトな領域周辺も厳密に選択できるようにします。被写体のエッジ周辺をブラシでなぞり、残らず選択範囲に含めます。オプションバーの[+]や[−]を切り替えながら作業することで、より細かい調整が可能です。また、必要に応じて[透明部分]のスライダを動かして、こまめに選択領域の確認を行いましょう。選択範囲を調整できたら、[出力先]ポップアップメニューを[新規レイヤー]に設定して、[OK]をクリックします。これにより、自動で新規レイヤーに選択領域がペーストされます。

©ADOBE STOCK/GUDELLAPHOTO

STEP 03 次に、背景として使用する画像（Adobe Stock「#69850163」または演習用ファイル「2_StylizedLight2.jpg」）を開きます。ここでは、やや不気味な印象の屋外シーンを選びました。この画像は合成にはもってこいの素材ですが、スタジオで撮影された被写体をこの屋外シーンに馴染ませるには一苦労しそうです。まずはシーンの修正から入りましょう。[Ctrl] + [R]キー（[Command] + [R]キー）を押して定規を表示し、垂直ガイドを画像の中央にドラッグします。[表示]メニューで[スナップ]および[スナップ先]の[ガイド]にチェックが入っていれば、適切な位置にスナップされるはずです。

STEP 04

[Ctrl] + [J]キー ([Command] + [J]キー)を押して、[背景]レイヤーを複製します。次に[編集]メニュー>[変形]>[水平方向に反転]を選択します。[長方形選択ツール]([M]キー)を使用してカンバスの左半分を選択したら、[レイヤーマスクを追加]アイコンをクリックしてマスクを追加します。右半分が非表示(マスクの黒)になったことで下のレイヤーの画像が現れ、左右対称の画像になったはずです。

さらにレイヤーマスクサムネールを選択し、[Ctrl] + [I]キー ([Command] + [I]キー)を押すことで表示領域(階調)が反転し、右図のようにもう片方の左右対称画像に切り替えることができます。どちらを使っても構いませんが、今回は後者(マスクの左側が黒)を使って解説を続けます。

STEP 05

[Alt]キー([Option]キー)を押した状態で[レイヤー]パネルのフライアウトメニューをクリックし、[表示レイヤーを結合]を選択します。これにより[レイヤー]パネルの一番上に、結合状態のレイヤーが作成されます。

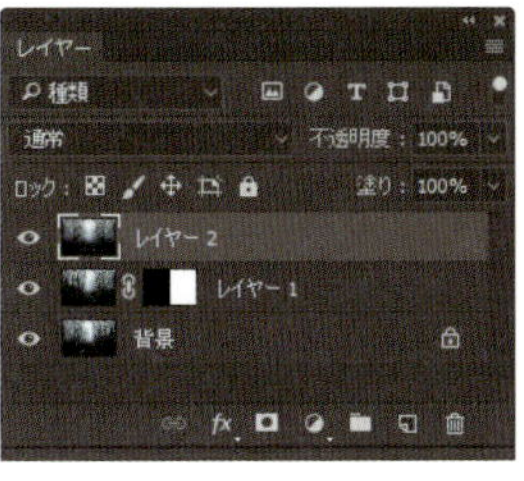

STEP 06

この結合レイヤーを被写体のドキュメントにコピーし、抽出後の被写体レイヤーの下に移動したら、[自由変形]を使用してこのシーンに合わせて適宜スケールします。配置が完了したら、一番上の被写体レイヤー以外すべて非表示にし、この被写体レイヤーを選択します。

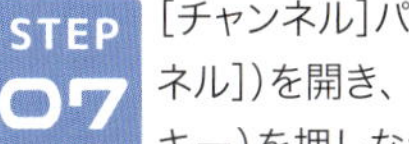

STEP 07

[チャンネル]パネル([ウィンドウ]>[チャンネル])を開き、[Ctrl]キー ([Command]キー)を押しながら[RGB]チャンネルサムネールをクリックして、選択範囲として読み込みます。[Ctrl] + [Shift] + [I]キー ([Command] + [Shift] + [I]キー)を押して選択範囲を反転し、[Ctrl] + [J]キー ([Command] + [J]キー)を押して、選択領域を新規レイヤーにペーストします。

STEP 08

[Ctrl] + [U]キー ([Command] + [U]キー)を押して、[色相・彩度]ダイアログを開きます。[色彩の統一]チェックボックスをオンにして、[色相]を220、[彩度]を35に設定し、[OK]をクリックします。

STEP 09 レイヤーの描画モードを[乗算]に設定し、[Ctrl] + [J]キー（[Command] + [J]キー）を押してレイヤーを複製します。この複製したレイヤーの[不透明度]を75%に下げ、屋外シーンのレイヤーの表示を元に戻します（一番下にある[背景]レイヤーはオフのままで問題ありません）。

STEP 10 上から３番目にある抽出後の被写体レイヤーを選択し、[Ctrl]キー（[Command]キー）を押しながらサムネールをクリックします。[選択範囲]メニュー>[選択範囲を変更]>[縮小]を選択します。[縮小量]を10pxに設定し、[OK]をクリックします。

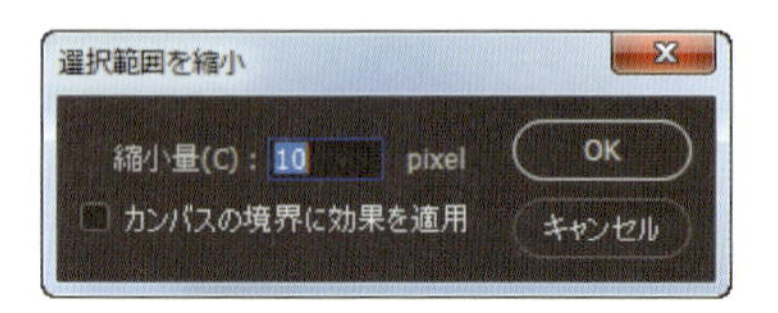

STEP 11 [Ctrl] + [Shift] + [I]キー（[Command] + [Shift] + [I]キー）を押して選択範囲を反転し、次に[Ctrl] + [J]キー（[Command] + [J]キー）を押して、選択したエッジを新規レイヤーにペーストします。このレイヤーに対し、[フィルター]メニュー>[ぼかし]>[ぼかし（ガウス）]を適用します。[半径]を10pxに設定し、[OK]をクリックします。レイヤーの描画モードを[覆い焼きカラー]に変更してから、エッジ効果を強めるために[Ctrl] + [J]キー（[Command] + [J]キー）を押して複製を作成します。

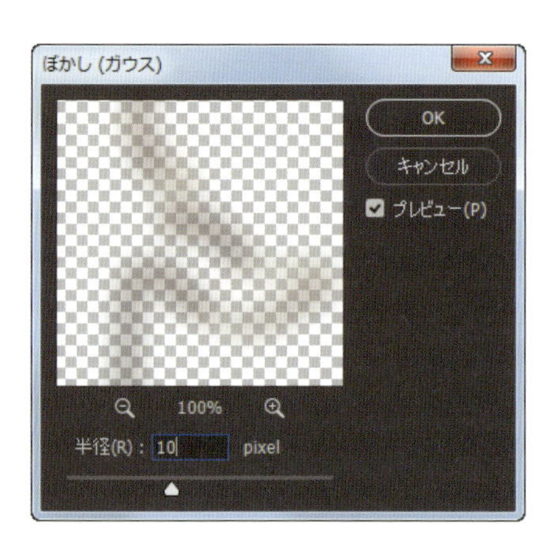

STEP 12 [Ctrl]キー（[Command]キー）を押しながら複製元の輪郭レイヤーをクリックして、両方の輪郭レイヤーを選択します。[Ctrl] + [G]キー（[Command] + [G]キー）を押し、グループ化します。グループレイヤーの[不透明度]を65%に下げ、そのグループを[レイヤー]パネルの一番上に移動します。

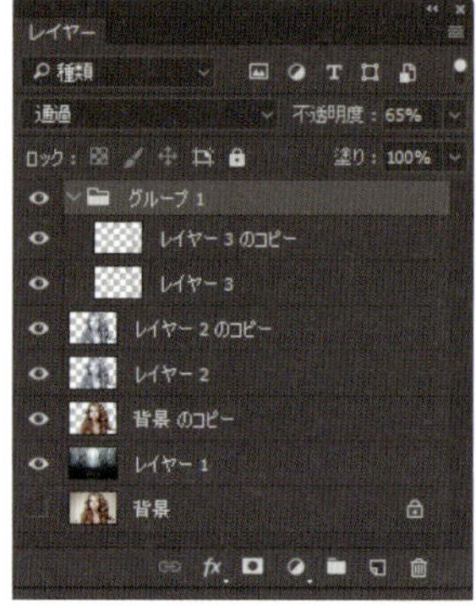

STEP 13 [Ctrl]キー（[Command]キー）を押しながら、抽出後の被写体レイヤーのサムネールをクリックし、再度選択範囲を作成します。[レイヤー]パネル下部の[新規レイヤーを作成]アイコンをクリックして新しいレイヤーを作成し、このレイヤーを被写体レイヤーの下に移動します。[Shift] + [Backspace]キー（[Shift] + [Delete]キー）を押して[塗りつぶし]ダイアログを開き、[内容]を[ホワイト]に変更して[OK]をクリックします。

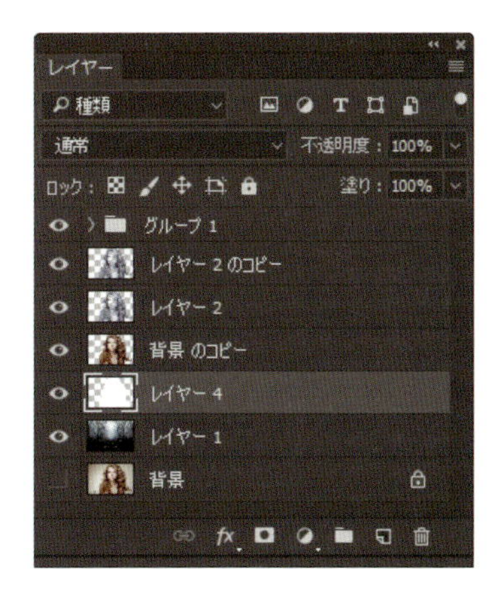

STEP 14 [Ctrl] + [D]キー（[Command] + [D]キー）を押して選択を解除し、再度[フィルター]メニュー>[ぼかし]>[ぼかし（ガウス）]を選択します。[半径]を 25 に設定し、[OK]をクリックしてダイアログを閉じたら、このレイヤーの[不透明度]を80%程度に下げます。

STEP 15 [レイヤー]パネルの一番上に新規レイヤーを作成し、描画モードを[スクリーン]に変更します。[D]キー→[X]キーの順にキーを押し、描画色を白に設定します。[グラデーションツール]（[G]キー）を選択して、オプションバーでグラデーションプリセットを[描画色から透明に]に設定し、[円形グラデーション]アイコンをクリックします。被写体の両側でグラデーションをいくつか作成して、光のフレア効果を作ります。

STEP 16 新規レイヤーをもう 1 つ作成して、オプションバーでグラデーションの種類を[線形グラデーション]に変更します。グラデーションの[不透明度]を 75%に設定したら、[X]キーを押して描画色を黒に設定します。カンバスの下辺から被写体の肩辺りまでをドラッグし、わずかなフェードを作成します。

STEP 17 最後の仕上げとして、背景に被写界深度の効果を加えていきましょう。下から２番目にある背景シーンのレイヤーを選択し、再度[フィルター]メニュー>[ぼかし]>[ぼかし(ガウス)]を選択します。数値はお好みで構いませんが、私は[半径]を2pxに設定しました。これで完成です。

最終結果

4-3 すばやく簡単な多重露光風エフェクト

多重露光はカメラの撮影技法のひとつで、異なる被写体を写した２枚の写真を１枚に重ね、一風変わったビジュアルを作り出すテクニックです。Photoshopを使えば、多重露光風のビジュアルをごく簡単なステップで作成することができます。多重露光風エフェクトにはさまざまな作成方法がありますが、ここではその中の一例を紹介します。

STEP 01 [Ctrl] + [O]キー（[Command] + [O]キー）を押して、このエフェクトのベースとなる被写体画像（Adobe Stock「#84265749」または演習用ファイル「3_Double Exposure1.jpg」）を開きます。ここでは抽出を容易にするため、背景がシンプルな横顔のモデルのショットを選びました。

STEP 02 [クイック選択ツール]（[W]キー）を使用し、被写体の領域をペイントして選択範囲を作成します。次に、上のオプションバーの[選択とマスク]ボタンをクリックし、前のセクションでやったように[境界線調整ブラシツール]を使用して、髪の毛などのソフトな領域周辺の選択範囲を調整します。必要に応じて、各調整メニューも使用すると良いです。選択範囲を調整できたら、ダイアログの下の方にある[出力先]ポップアップメニューで[新規レイヤー]を選択して、[OK]をクリックします。

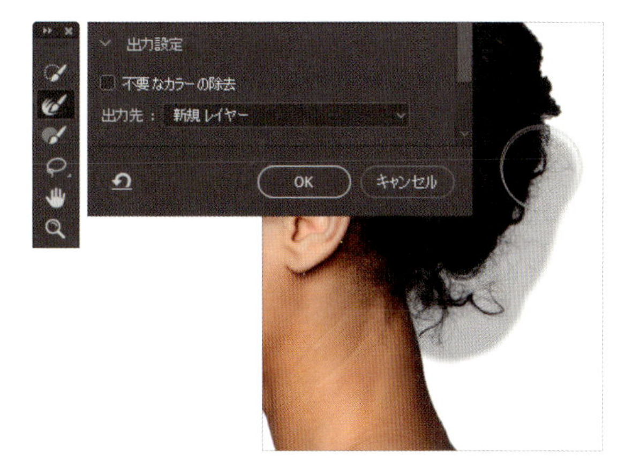

STEP 03 [Ctrl] + [N]キー（[Command] + [N]キー）を押して、[幅]1400px、[高さ]2000px、[カンバスカラー]が白の新規ドキュメントを作成します。抽出した被写体をこの新規ドキュメントにコピーし、[自由変形]を使って図のようにスケールと位置を調整します。配置が完了したら、[Ctrl] + [Shift] + [U]キー（[Command] + [Shift] + [U]キー）を押して被写体の彩度を下げます。

STEP 04 次に、ベースに重ね合わせるための1つ目の素材（Adobe Stock「#60041262」または演習用ファイル「3_Double Exposure2.jpg」）を開きます。この画像の特徴は、多重露光エフェクトを作成するうえで、ビルとビルの間のネガティブスペースがいい感じの効果を生み出してくれる点です。ただし、いくつか修正も必要です。被写体の画像でやったように、まずは[Ctrl] + [Shift] + [U]キー（[Command] + [Shift] + [U]キー）を押して全体の彩度を下げます。

さらに、[Ctrl] + [L]キー（[Command] + [L]キー）を押して[レベル補正]ダイアログを開きます。[オプション]ボタンの下のスポイト群の中から一番右（ハイライト）のスポイトを選択し、ビルとビルの間の空の領域をクリックして白に変えます。次に、ヒストグラムの下のシャドウスライダ（黒）を25程度に設定して、全体的なコントラストを高めます。作業が終わったら[OK]をクリックします。

©ADOBE STOCK/MAKSYMOWICZ

STEP 05 [Ctrl] + [A]キー（[Command] + [A]キー）を押して画像全体を選択し、[編集]メニュー>[変形]>[水平方向に反転]を選択します。この操作は必ず行う必要はありませんが、今回のケースでは画像を反転させた方がブレンドの際によく馴染むことが分かったので、1つのテクニックとして覚えておくと良いです。

このレイヤーをメインドキュメントにコピーし、[自由変形]を使ってスケールおよび配置します。

STEP 06 配置した都市のレイヤーを選択した状態で[Ctrl] + [Alt] + [G]キー（[Command] + [Option] + [G]キー）を押し、クリッピングマスクを作成します。さらにこのレイヤーにレイヤーマスクを追加し、[グラデーションツール]（[G]キー）を選択します。オプションバーでグラデーションプリセットを[描画色から透明に]に設定し、[円形グラデーション]アイコンをクリックます。描画色を黒に設定したら、被写体の顔の表示したい領域にグラデーションを追加します（やり過ぎに注意しましょう）。

STEP 07 もう1つのブレンド用素材として、枯れ木の画像(Adobe Stock「#99969815」または演習用ファイル「3_DoubleExposure3.jpg」)を開きます。[Ctrl] + [Shift] + [U]キー([Command] + [Shift] + [U]キー)を押して彩度を落とし、先ほど同様、[レベル補正]のスポイトを使用して空の領域をクリックし、白に変えます。今回は、シャドウスライダを60くらいに設定します。

©ADOBE STOCK/IGOR STEVANOVIC

STEP 08 [チャンネル]パネルを開き、[Ctrl]キー([Command]キー)を押しながら[RGB]チャンネルサムネールをクリックして、明るい領域を選択範囲として読み込みます。[Ctrl] + [Shift] + [I]キー ([Command] + [Shift] + [I]キー)を押し、選択範囲を反転します。最後に[Ctrl] + [J]キー([Command] + [J]キー)を押して、選択範囲を新規レイヤーにペーストします。

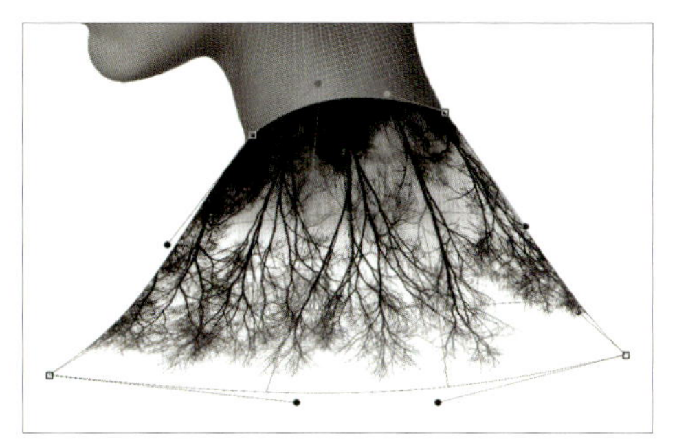

STEP 09 この木の画像をメインドキュメントにコピーし、[自由変形]をアクティブにしたら、画像を右クリックして[180° 回転]を選択します。さらにスケールおよび位置を調整して、被写体の首から下の領域に配置します(まだ[Enter]キー([Return]キー)は押さないでください)。もう一度右クリックメニューを表示し、今度は[ワープ]を選択します。バウンディングボックスのコントロールポイントとハンドルを使用して、被写体に合わせて画像の形を整えます。終わったら[Enter]キー([Return]キー)で確定します。

次に、このレイヤーにレイヤーマスクを追加し、再度[グラデーションツール]を選択します。オプションバーでグラデーションプリセットを[描画色から透明に]に設定し、[線形グラデーション]アイコンをクリックします。描画色が黒になっていることを確認し、木のレイヤーの上部の境界線をフェードさせ、被写体と馴染ませます。被写体のレイヤーにもレイヤーマスクを追加し、今度は[不透明度]を下げた黒のブラシ([ブラシツール]([B]キー))で首の下部の境界線をフェードさせます。

STEP 10 これだけではビジュアル的に寂しいので、背景に追加するためのテクスチャ画像（演習用ファイル「3_DoubleExposure4.jpg」）を開きます。今回も彩度を落として使用するため、テクスチャの色はそれほど重要ではありません。[Ctrl] + [Shift] + [U]キー（[Command] + [Shift] + [U]キー）を押して彩度を下げたら、メインドキュメントに持っていきます。[レイヤー]パネルで[背景]レイヤーのすぐ上に移動し、レイヤーの[不透明度]を50%に下げ、[自由変形]を使ってスケールおよび配置を行います。

STEP 11 このレイヤーに[グラデーションオーバーレイ]レイヤースタイルを適用します。[描画モード]を[焼き込み（リニア）]、[不透明度]を85%、[グラデーション]を[黒、白]、[スタイル]を[円形]、[比率]を150%に設定します。さらに、[逆方向]チェックボックスをオンにし、[角度]を少し調整して背景に微妙なビネット効果を加えます。最後にカンバスを直接ドラッグして、エフェクトの位置を調整します。今回は被写体の中心部（頭部）から明かりが広がるように配置すると良いです。作業が終わったら[OK]をクリックします。

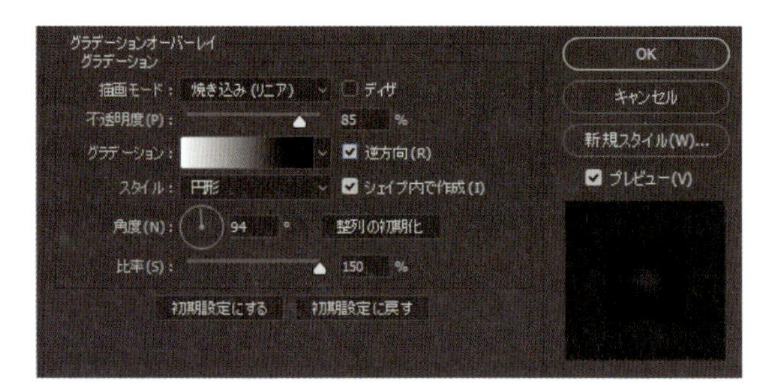

STEP 12 [レイヤー]パネルでメインの被写体レイヤーを選択して、描画モードを[乗算]に設定します。このブレンド効果により、被写体と背景テクスチャがより馴染みます。また、[レイヤー]パネルの一番上にある木のレイヤーを選択して、[不透明度]を60%に下げます。

STEP 13 前の手順に続き、木のレイヤーを選択したままパネル下部の[塗りつぶしまたは調整レイヤーを新規作成]アイコンをクリックして、[グラデーションマップ]を選択します。[属性]パネルのグラデーションをクリックして、[グラデーションエディター]を開きます。[プリセット]の右側の歯車アイコンをクリックし、フライアウトメニューから[写真調]を選択します。グラデーションの置き換えに関するダイアログが表示されたら[OK]をクリックし、プリセットの下部にある[コバルト−鉄2]を選択し、[OK]をクリックします。

この時点で残っている作業は、お好みで行う調整くらいです。たとえば、私はさらにレベル補正を行って、被写体レイヤーを都市の画像のコントラストに合わせました。最後にテキストを追加して完成です（私はFutura Bookフォントを使用しました）。

最終結果

4-4 パターンを使用して写真をブレンドする

ここで紹介するのは、Pinterest（ピンタレスト：ピンボード風の写真共有ウェブサイト）で見かけたエフェクトです。出来栄えだけでなく、その洗練されたテクニックにも魅了されました。シンプルでありながら、その効果には素晴らしい魅力が感じられます。

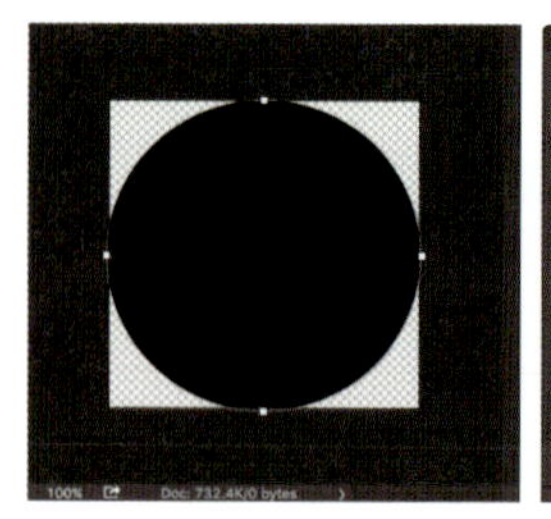

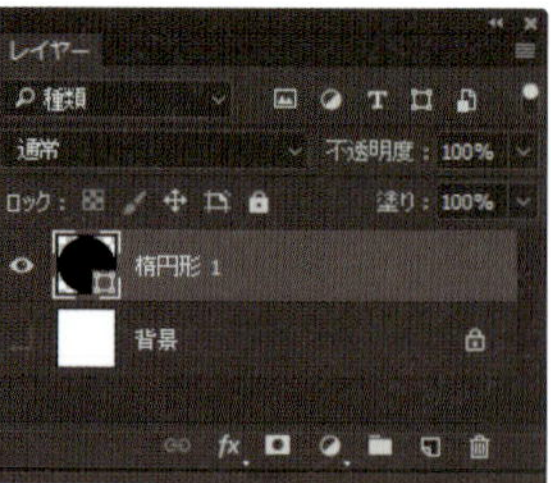

STEP 01 [Ctrl] + [N]キー（[Command] + [N]キー）を押して、[幅]500px、[高さ]500px、[解像度]100ppi、[カンバスカラー]が白の新規ドキュメントを作成します。

STEP 02 ツールボックスから[楕円形ツール]（[Shift] + [U]キー）を選択します。オプションバーでツールモードを[シェイプ]、[塗り]を黒、[線]を[カラーなし]に設定します。[Shift]キーを押しながら左上のコーナーから右下のコーナーまでクリック&ドラッグして、カンバスの中に正円を作成します。円の輪郭がカンバスの各辺に接するようにしてください（カンバスの外にはみ出さないように注意しましょう）。正円が描けたら、背景レイヤーを非表示にします。

STEP 03 [編集]メニュー>[パターンを定義]を選択して、この画像をパターンとして定義します。

STEP 04 [Ctrl] + [N]キー（[Command] + [N]キー）を押して、[幅]1500px、[高さ]2000px、[カンバスカラー]が白の新規ドキュメントを作成します。新規レイヤーを作成し、[Shift] + [Backspace]キー（[Shift] + [Delete]キー）を押して[塗りつぶし]ダイアログを開きます。[内容]を[50% グレー]に設定し、[OK]をクリックします。

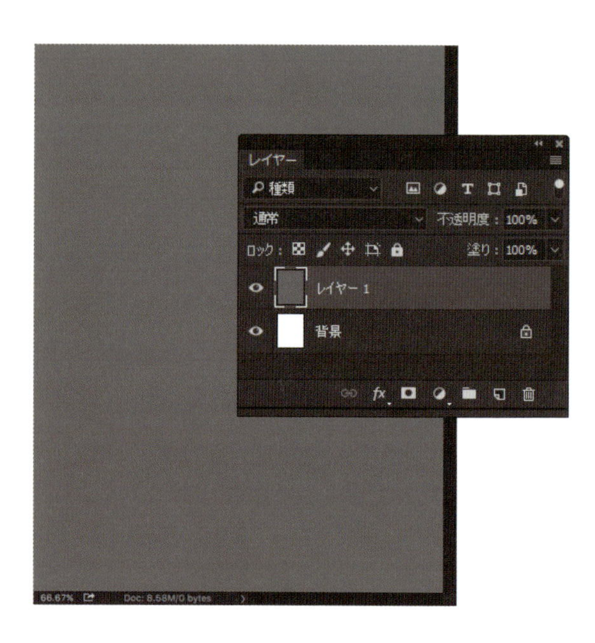

STEP 05 このレイヤーに、[パターンオーバーレイ]レイヤースタイルを適用します。[パターン]ピッカーから先ほど作成した円のパターンを選択し、[比率]を適宜調整します（私は35%に設定しました）。その他の設定はデフォルトのままですが、もし別の設定値が入っている場合は、一度[初期値に戻す]ボタンを押してから設定を行ってください。設定が完了したら[OK]をクリックします。

STEP 06 このパターンレイヤーを使用して画像をクリッピングする必要がありますが、この時点では円ではなくグレーの塗りつぶしに基づいてクリッピングされるため使えません。そこでまず、このレイヤーの[塗り]設定を0%に下げ、グレー部分を削除します。次に、このレイヤーを右クリックして、[スマートオブジェクトに変換]を選択します(**注**:この操作を行ったあとは、[塗り]設定が100%に戻ります)。これで、このレイヤーをラスタライズすることなく、透明度を維持できます。

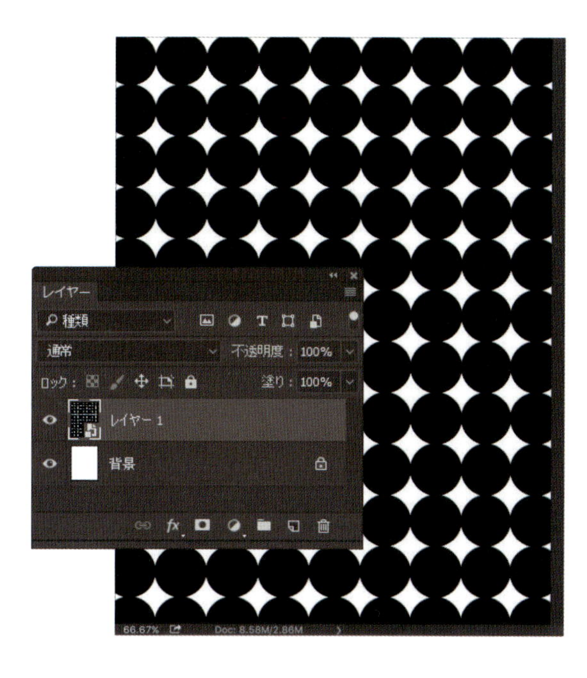

STEP 07 次に[Ctrl]+[O]キー([Command]+[O]キー)を押して、使用したい被写体画像(Adobe Stock「#50507476」または演習用ファイル「4_UsingPatterns.jpg」)を開きます。ここでは、白い背景のダンサーの画像を選びました。この画像をメインドキュメントにコピーし、[自由変形]を使用して構図の中に配置します。配置が完了したら、[Ctrl]+[J]キー([Command]+[J]キー)を押してこのレイヤーを複製し、パターンレイヤーの下に移動します(図を参照)。

©ADOBE STOCK/LOBANOV DMITRY PHOTOGRAPHY

STEP 08 一番上の被写体レイヤーを選択し、[Ctrl] + [Alt] + [G]キー（[Command] + [Option] + [G]キー）を押してクリッピングマスクを作成します。

STEP 09 パターンレイヤーの下の複製レイヤーを選択します。[自由変形]を使用して、このレイヤーを少し左に移動してから、拡大します。これにより、パターンエフェクトが現れたはずです。2 枚の被写体レイヤーの位置関係に注意しながら配置を決定します。配置が完了したら、このレイヤーの[不透明度]を75%に下げます。

STEP 10 再度一番上の被写体レイヤーを選択し、[レイヤー]パネル下部の[塗りつぶしまたは調整レイヤーを新規作成]をクリックして、[グラデーションマップ]を選択します。[属性]パネルのグラデーションをクリックして、[グラデーションエディター]を開きます。[プリセット]の右側の歯車アイコンをクリックし、フライアウトメニューから[写真調]を選択します（前回のテクニックで使用したものと同じプリセットです）。グラデーションの置き換えに関するダイアログが表示されたら [OK] をクリックし、[セピアーシアン]プリセットを選択して[OK]をクリックします。

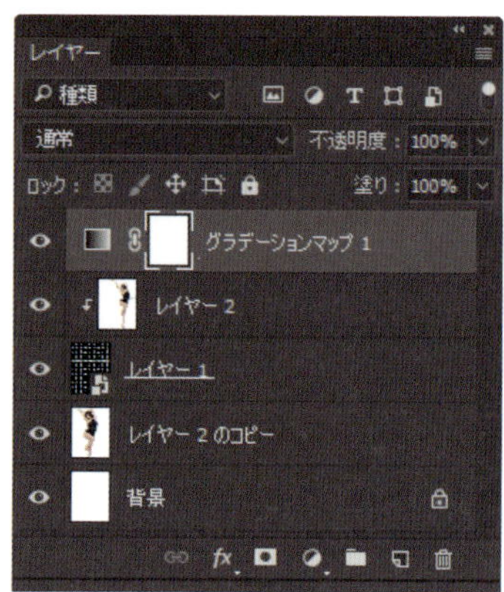

私は最後に、Eurostile Extended 2というフォントを使用してテキストを追加しました。テキストを白で塗りつぶし、描画モードを[差の絶対値]に設定してブレンドすると、明るい領域ではテキストが暗くなり、逆に暗い領域では明るくなるので、コントラストをつけることができます。

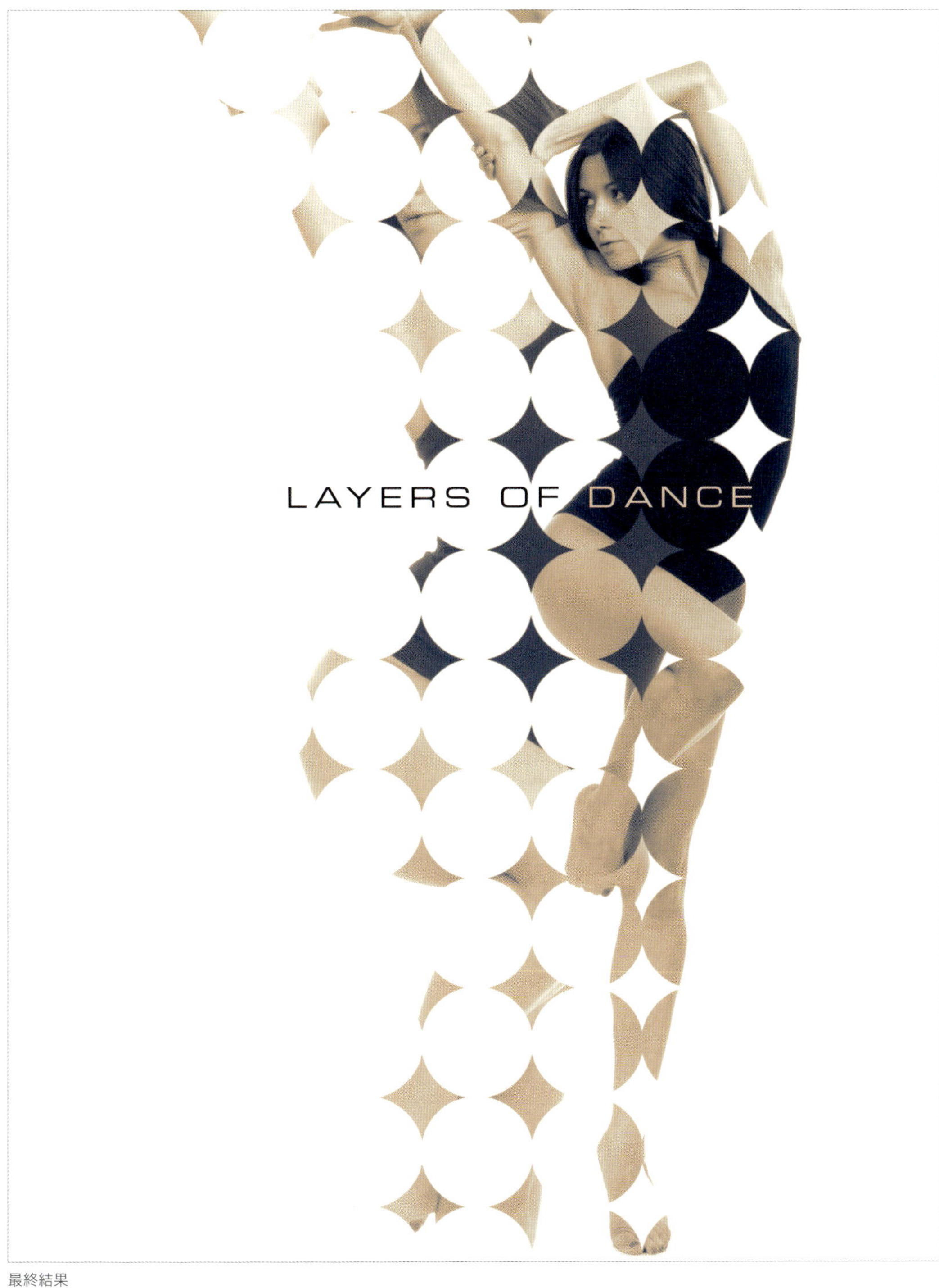

最終結果

CHAPTER 5

テクスチャを使ったデザイン

私はテクスチャが大好きで、ライブラリには普通の写真と同じくらいの数のテクスチャ素材をストックしています。テクスチャは日々の生活の中に溢れています。高性能なスマートフォンでテクスチャを撮影して保存しておけば、すぐにワークフローで使用することができます。この章では、Photoshopで効果的にテクスチャを使用する方法を紹介します。

5-1 シームレスなテクスチャとグラフィックスのブレンド

ここで紹介する便利なテクニックは、別々に使用することも、組み合わせて使用することもできます。シームレスなテクスチャを定義してから、ライティングをカスタマイズした背景を作成し、テクスチャにロゴをブレンドしていきます。

STEP 01 まずは、ここで使用するシームレスなテクスチャ画像（Adobe Stock「#46602491」または演習用ファイル「1_Blending Graphics1.jpg」）を開きます。この画像は、私がAdobe Stockで探してきた「縞鋼板」と呼ばれるひし形模様のシームレスなテクスチャです。サイトにはこういったテクスチャが多数用意されているので、自分で作成するよりもはるかに簡単です。是非利用してみてください。

©ADOBE STOCK/ARENACREATIVE

さて制作に入る前に、探してきたテクスチャが本当にシームレスかどうかを確認する必要があります。確認方法はとても簡単なので、先ほど開いたテクスチャを例に説明します。まず［フィルター］メニュー＞［その他］＞［スクロール］を選択します。［ラップアラウンド］がオンになっていることを確認し、［水平方向］および［垂直方向］に適当な数値を入力してタイリングを行います。シームレスなテクスチャであれば、いくらタイリングをしても境界線（継ぎ目）が見えることはありません。確認できたでしょうか？ ［キャンセル］をクリックして、さっそく制作に入りましょう。

STEP 02 シームレスであることを確認できたところで、［編集］メニュー＞［パターンを定義］を選択し、この画像をパターンとして定義します。

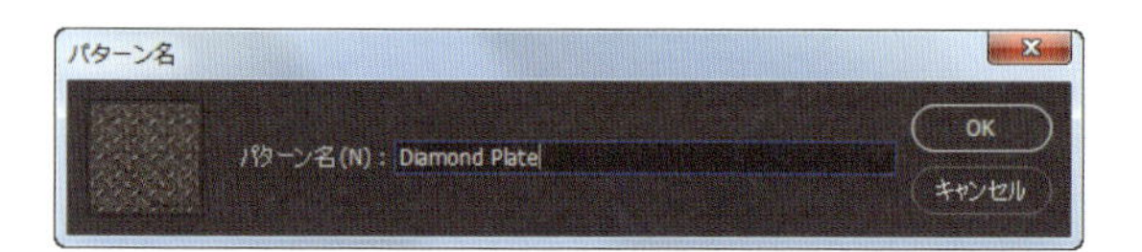

STEP 03 ［Ctrl］＋［N］キー（［Command］＋［N］キー）を押して、［幅］2000px、［高さ］1200px、［カンバスカラー］が白の新規ドキュメントを作成します。

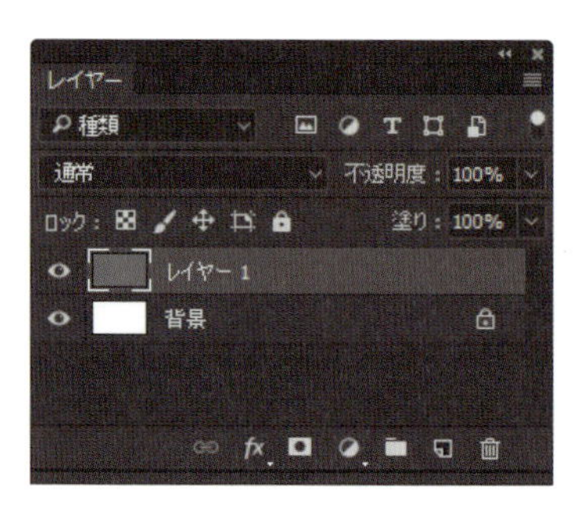

STEP 04 新規レイヤーを作成し、［Shift］＋［Backspace］キー（［Shift］＋［Delete］キー）を押して任意の色で塗りつぶします（ここでは［内容］を［50% グレー］に設定しました）。

STEP 05 ベースとなる塗りつぶしレイヤーが作成できたので、このレイヤーに［パターンオーバーレイ］レイヤースタイルを適用します。パターンピッカーを開いて、Step 2で定義したひし形のプレートのパターンを選択し、［比率］を適宜調整します。その際、パターンが自動的にタイリングされますが、これがシームレスである必要がある理由です。まだ［OK］はクリックせずに、次に進みます。

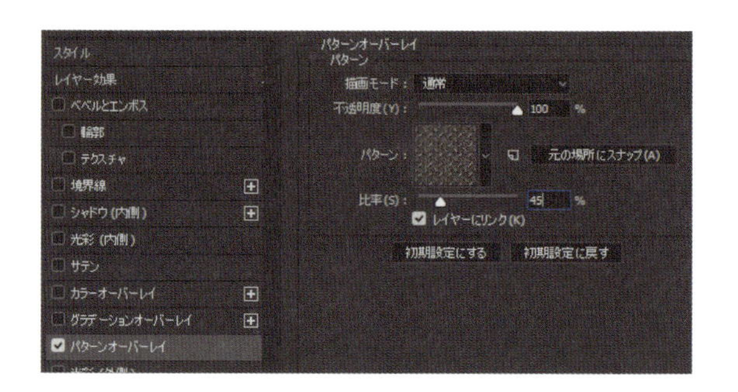

1 文字を使ったデザイン
2 商業デザイン
3 グラフィックデザイン
4 写真を使ったデザイン
5 テクスチャを使ったデザイン

STEP 06 左側の項目から[グラデーションオーバーレイ]をクリックします。[グラデーション]が[黒、白]に設定されていることを確認し[描画モード]を[乗算]、[不透明度]を90%、[スタイル]を[円形]に設定し、[逆方向]チェックボックスをオンにすると、グラデーションの中心の領域が明るくなります。さらに、[比率]を130%程度に増やします。

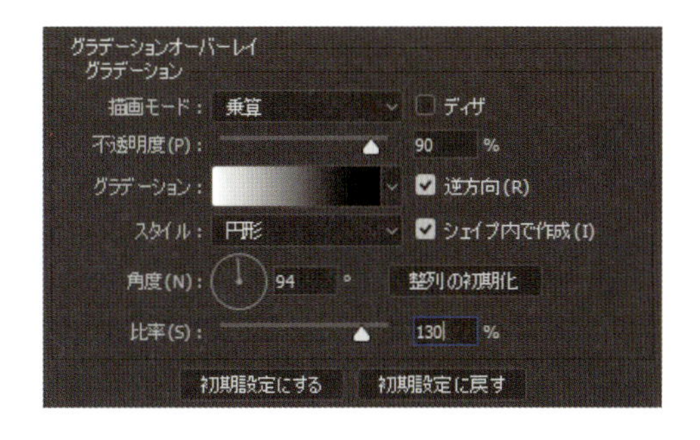

また、カンバスをドラッグすることで、テクスチャのライティングを変えることができます。ここでは、明るい領域を画像の中央にドラッグしました。私はライティングの効果が欲しいときなど、この[グラデーションオーバーレイ]をよく使用しています。実際、本書の他の演習でも何度か使用しています。設定が完了したら[OK]をクリックします。

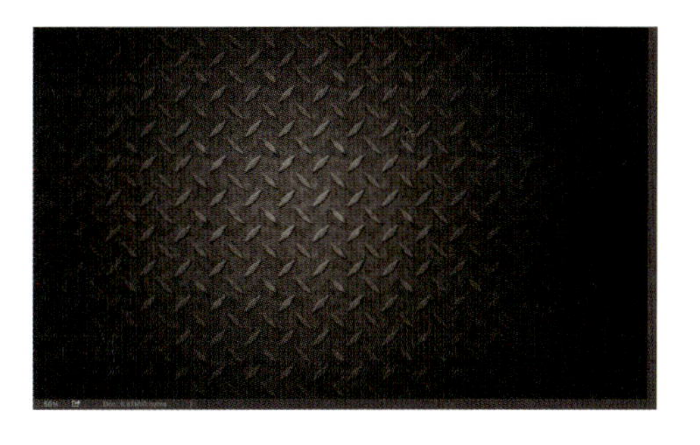

STEP 07 シーンの設定が終わったので、次に被写体やグラフィックを追加していきます。ここで使用するシンプルなグラフィック素材（Adobe Stock「#99490821」または演習用ファイル「1_Blending Graphics2.jpg」）を開き、[自動選択ツール]（[Shift]＋[W]）で白い背景領域を選択したら、[Ctrl]＋[Shift]＋[I]キー（[Command]＋[Shift]＋[I]キー）を押して選択範囲を反転します。さらに、[Ctrl]＋[J]キー（[Command]＋[J]キー）で新規レイヤーにペーストすれば抽出完了です。

このレイヤーをメインのテクスチャドキュメントに持っていき、[自由変形]を使って位置とサイズを調整します。私はテキストの挿入スペースを考慮し、中央やや上寄りに配置しました。

©ADOBE STOCK/MARTIALRED

1 文字を使ったデザイン
2 商業デザイン
3 グラフィックデザイン
4 写真を使ったデザイン
5 テクスチャを使ったデザイン

STEP 08 このグラフィックレイヤーに、［レイヤー効果］レイヤースタイルを適用します。

［通常の描画］セクションで、［描画モード］を［ハードライト］に変更します。さらに、下部の［ブレンド条件］セクションで、［Alt］キー（［Option］キー）を押しながら［下になっているレイヤー］の左側（シャドウ）のスライダをクリックして分割します。分割された右側のスライダを右にドラッグして、下のテクスチャがグラフィックを通して透けて見えるように調整します。これにより、グラフィックが経年劣化したかのような外観になります。作業が終わったら［OK］をクリックしてダイアログを閉じます。

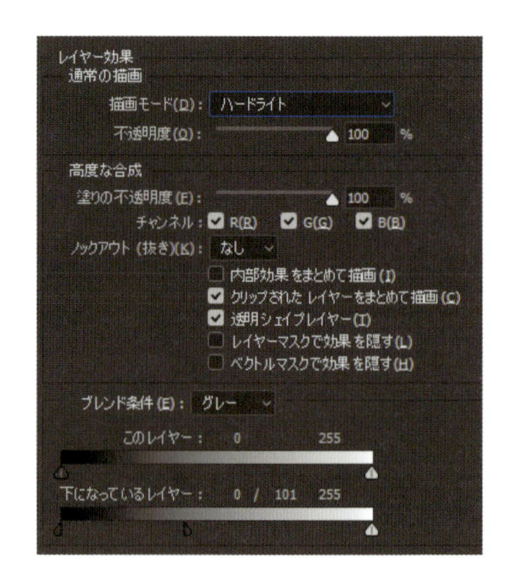

STEP 09 最後に［横書き文字ツール］（［T］キー）を使ってテキストを加え（私は、Swiss 721 Black Extended BT フォントを使用しました）、グラフィックと同じ方法で馴染ませることで、全体に統一感のある仕上がりになります。

この演習では、基本的にレイヤースタイルのみを使った非破壊編集を行っているため、いつでも元に戻すことができ、また編集を加えることができるという利点があります。是非、色々な画像で試してみてください。

最後に［横書き文字ツール］（［T］キー）を使ってテキストを加え、グラフィックと同じ方法で馴染ませることで、より魅力的な作品に仕上がります。ここでは、Swiss 721 Black Extended BT フォントを使用しました。

これらの処理は、すべてレイヤーに対する非破壊編集なのでいつでも元に戻すことができ、また編集を加えることができる便利な方法です。

最終結果

5-2 複数の要素が溶け込んだビンテージ風スポーツ広告

合成デザインのベース要素にテクスチャを用いる作例をもう１つ紹介します。異なるライティングの画像から要素を組み合わせるときは、基本的にテクスチャを使用することで、それらの要素を違和感なく馴染ませることができます。

STEP 01 まずはメインドキュメントの作成から開始しましょう。[Ctrl] + [N]キー ([Command] + [N]キー)を押して、[幅]1000px、[高さ]1200px、[カンバスカラー]が白の新規ドキュメントを作成します。

STEP 02 次に[Ctrl] + [O]キー ([Command] + [O]キー)を押して、今回使用するテクスチャ画像(演習用ファイル「2_Vintage SportsAd1.jpg」)を開きます。このような手頃で使い勝手のよいテクスチャは、Adobe Stock やその他のストックフォトサービスでも大量に入手できるので、是非検索してみてください。

STEP 03 今回はメインドキュメントのレイアウトが縦長なので、[イメージ]メニュー>[画像の回転]>[90°(時計回り)]で回転させたら、この画像(レイヤー)をメインドキュメントに持っていきます。

STEP 04 このテクスチャ画像を中央付近に置き、[自由変形]を使用してカンバスからややはみ出る程度まで拡大します。今回のテクスチャは縦横比をあまり気にする必要はないため、[Alt]キー([Option]キー)を押しながらコーナーハンドルをドラッグするとよいです。終わったら[Enter]キー([Return]キー)を押して編集を確定します。

STEP 05 [Ctrl] + [J]キー ([Command] + [J]キー)を押してこのテクスチャレイヤーを複製します。続けて、複製元のレイヤーを選択し、[フィルター]メニュー>[ぼかし]>[平均]を適用します。これにより、レイヤーがテクスチャ全体の主要カラーで塗りつぶされます。

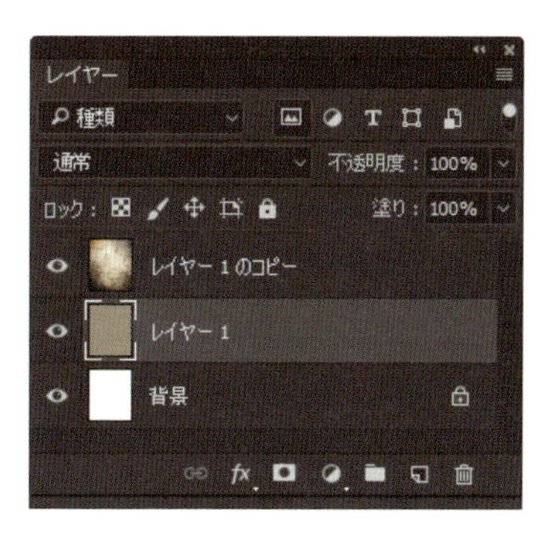

STEP 06 複製レイヤーを選択し、レイヤーの描画モードを[乗算]、[不透明度]を90%程度に設定します。

STEP 07 次に、被写体の画像（Adobe Stock「#65578161」または演習用ファイル「2_VintageSportsAd2.jpg」）を開きます。ここでは、抽出しやすいように背景が白いフットボール選手の画像を選びました。[クイック選択ツール]（[W]キー）を使用して、背景領域を選択します。被写体の一部が選択されてしまった場合は、[Alt]キー（[Option]キー）を押しながらペイントして選択領域から外します。背景領域の選択が完了したら、[Ctrl] + [Shift] + [I]キー（[Command] + [Shift] + [I]キー）を押して、選択範囲を反転します。被写体領域のみが選択されていることを確認します。

©ADOBE STOCK/BROCREATIVE

STEP 08 オプションバーの右端にある[選択とマスク]ボタンをクリックします。この画像には[境界線調整ブラシツール]が必要なソフトエッジ(髪の毛など)は特にないため、[エッジの検出]の[半径]スライダを1〜2px程度に調整してから、[出力先]ポップアップメニューを[新規レイヤー]に設定し、[OK]をクリックします。抽出後の被写体レイヤーが選択されていることを確認し、[レイヤー]メニュー>[マッティング]>[フリンジ削除]を選択し、[幅]2pxのフリンジ削除を実行します。

STEP 09 抽出した被写体レイヤーをメインドキュメントのテクスチャレイヤーの上にコピーします。[自由変形]を使用して被写体を適宜スケールし、構図の中央に配置します。

STEP 10 次に、背景に加えるもう一つの要素として、2章でも使用したスタジアムの画像(Adobe Stock「#72793811」または演習用ファイル「2_VintageSportsAd3.jpg」)を開きます。この画像はサッカースタジアムを写した写真ですが、最終結果にはフィールド部分は使われません。主にスタンドとライトの外観が気に入っているので、この部分をメインに使うことにします。

STEP 11 [D]キーを押して、描画色と背景色をデフォルトの設定に戻し、[イメージ]メニュー>[色調補正]>[グラデーションマップ]を選択します。この方法は単純に彩度を下げるよりも、よりコントラストの高い結果が得られます。

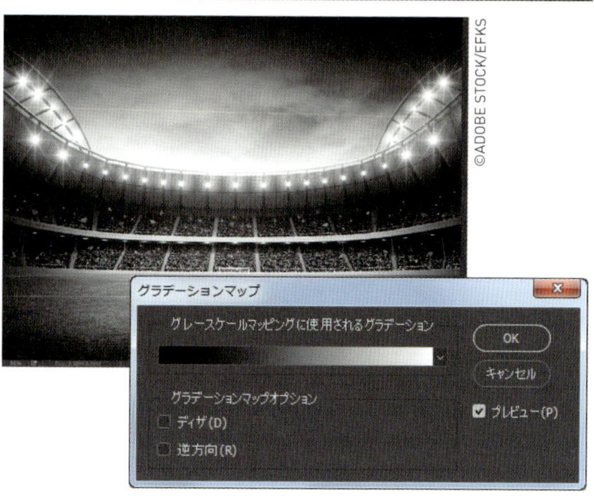

©ADOBE STOCK/EFKS

STEP 12 このスタジアム画像をメインドキュメントにコピーし、[レイヤー]パネルで被写体レイヤーの下に移動します。[自由変形]を使用して画像を図のようにスケールおよび回転し、被写体のバックに配置します。

STEP 13 このレイヤーにレイヤーマスクを追加し、次に[グラデーションツール]（[G]キー）を選択します。オプションバーでグラデーションプリセットを[描画色から透明に]に設定し、[線形グラデーション]アイコンをクリックします。上下左右の各辺から中央に向かってドラッグし、画像を背景テクスチャにフェードさせます。うまくフェードできたら、このレイヤーの描画モードを[乗算]に変更します。

続けて、このレイヤーに色味を加えるため、[レイヤー]パネルでスタジアムレイヤーのサムネールをクリックし、[Ctrl] + [U]キー（[Command] + [U]キー）を押して、[色相・彩度]ダイアログを開きます。[色彩の統一]チェックボックスをオンにして、[色相]を35、[彩度]を25に設定してから、[OK]をクリックします。

STEP 14 [レイヤー]パネルで被写体レイヤーを選択し、[Ctrl] + [J]キー（[Command] + [J]キー）を押して複製を作成します。複製レイヤーを非表示にし、複製元の被写体レイヤーを再度選択します。先ほどの手順で行ったカラー効果（[色相・彩度]）とまったく同じ効果を、このレイヤーにも適用します。

カラー調整が完了したら、レイヤーの描画モードを[乗算]に変更し、さらに[不透明度]を75%程度に下げます。

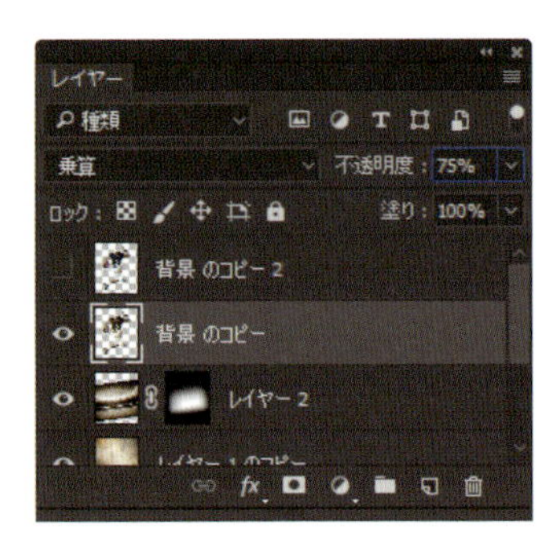

STEP 15 複製レイヤーを表示して[不透明度]を85%に設定し、このレイヤーにレイヤーマスクを追加します。[グラデーションツール]を選択して、オプションバーでグラデーションプリセットが[描画色から透明に]に設定されていることを確認し、今回は[円形グラデーション]アイコンをクリックします。この設定で、被写体の「腕」と「脚」の周囲をフェードさせます。

STEP 16 [横書き文字ツール]([T]キー)を使用してテキストを追加しましょう。ここではImpact フォントを使ってすべて大文字で「MASTER EVERY PLAY」というテキストを追加し、背景からサンプリングしたカラーで塗りつぶしました。

このテキストレイヤーを被写体レイヤーの下(タジアムレイヤーの上)に移動し、レイヤーの描画モードを[覆い焼き(リニア) – 加算]、[不透明度]を55%に設定します。

STEP 17 最後に、このテキストレイヤー(文字の横の空き領域付近)をダブルクリックして[レイヤー効果]を開き、下部の[ブレンド条件]セクションで[下になっているレイヤー]のシャドウ(ダークグレー)スライダを[Alt]キー([Option]キー)を押しながらクリックして分割し、間隔を広げてテクスチャの暗い領域がさらに透けて見えるようにします。調整が完了したら、[OK]をクリックしてダイアログを閉じます。次のページに、私が作成した最終イメージを掲載しています。

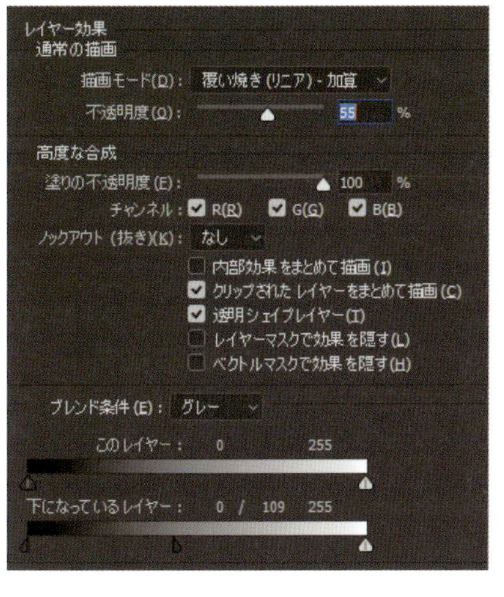

最終結果

5-3 スタイルとマスクを使ってテクスチャをブレンドする

ここでは、複数のテクスチャとモデル(被写体)の写真をブレンドする方法を紹介します。さまざまな方法でレイヤースタイルを使用できるようにしておくと、必要に応じて柔軟にエフェクトを修正できるようになります。

STEP 01 まずは、ここで使用する1つ目のテクスチャ画像(Adobe Stock「#95702107」または演習用ファイル「3_BlendingTextures1.jpg」)を開きます。今回は、このテクスチャドキュメントをメインにデザインを展開していきます。

©ADOBE STOCK/ANDREY KUZMIN

STEP 02 次に、被写体画像(Adobe Stock「#96311480」または演習用ファイル「3_BlendingTextures2.jpg」)を開きます。私がこの画像を選んだのは、構図とライティング、それに色合いが素晴らしく、かつ抽出に適したシンプルな背景だったためです。この画像をメインドキュメントにコピーしたら、[自由変形]を使って、カンバスを完全に覆うようにスケールおよび配置します。今回は、スケールの際に[Shift]キーを押しながらドラッグして画像の縦横比を維持するようにしてください。終わったら[Enter]キー([Return]キー)を押して編集を確定します。

©ADOBE STOCK/EDWARDDERULE

STEP 03 もう1つ、マスク用のテクスチャ画像(Adobe Stock「#57913488」または演習用ファイル「3_BlendingTextures3.jpg」)を開きます。メインドキュメントに持っていく前にいくつか調整しておく必要があります。[Ctrl]+[L]キー([Command]+[L]キー)を押して[レベル補正]ダイアログを開きます。ハイライト(白)のスポイトを選択し、画像内の最も明るいグレー領域をクリックして、そのグレー階調およびそれより明るい領域を強制的に白にします。右図のようなイメージにできたら、[OK]をクリックします。

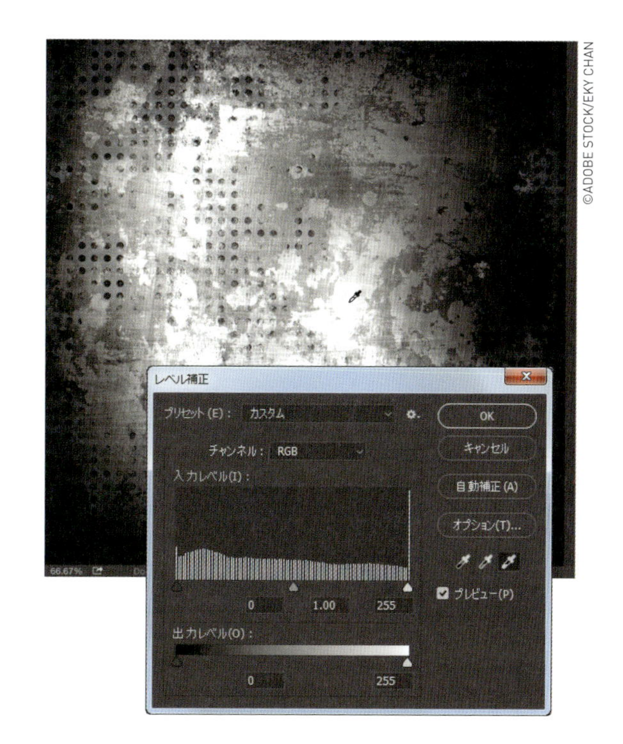

©ADOBE STOCK/EKY CHAN

STEP 04 このテクスチャ画像をメインドキュメントにコピーし、[レイヤー]パネルで一番上にあることを確認します。[自由変形]を使用して、構図に合わせて縦横比を維持したままスケールし、先ほど同様カンバスを完全に覆うように配置します。その際、右図のようにテクスチャの暗い領域よりも明るい領域の方が多くなるようにします。終わったら[Enter]キー([Return]キー)で編集を確定します。

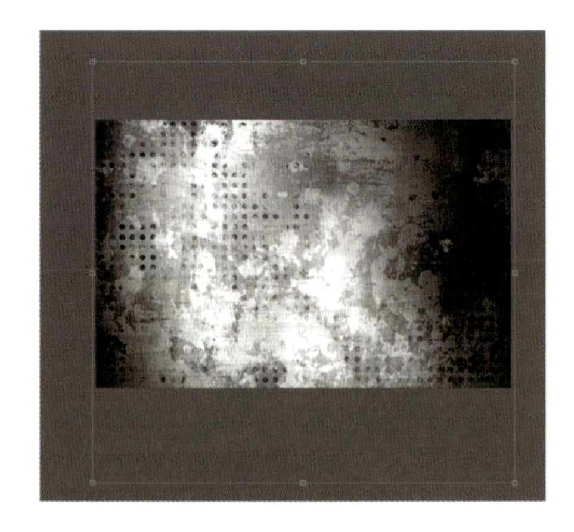

STEP 05 [チャンネル]パネル([ウィンドウ]>[チャンネル])を開き、[Ctrl]キー([Command]キー)を押しながら[RGB]チャンネルサムネールをクリックして、画像の明るい領域を選択範囲として読み込みます。[レイヤー]パネルでこのレイヤーを非表示にし、被写体レイヤーを選択します。

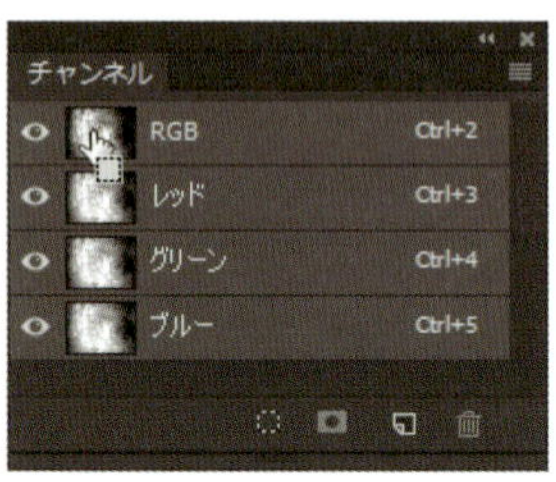

STEP 06 [レイヤーマスクを追加]アイコンをクリックして、選択領域をマスクに貼り付けます。これにより、写真に面白いテクスチャ効果が現れます。続けて、背景テクスチャと被写体がより馴染むように、レイヤーの描画モードを[乗算]に変更します。テクスチャマスクもまだ完全に馴染んでいないので調整していきましょう。レイヤーマスクを選択した状態で、[Ctrl] + [L]キー([Command] + [L]キー)を押して[レベル補正]を開き、テクスチャをさらに明るくしてコントラストを調整します。ここでは[入力レベル]のシャドウスライダを7、中間調のスライダを1.38、ハイライトスライダを193に設定しました。

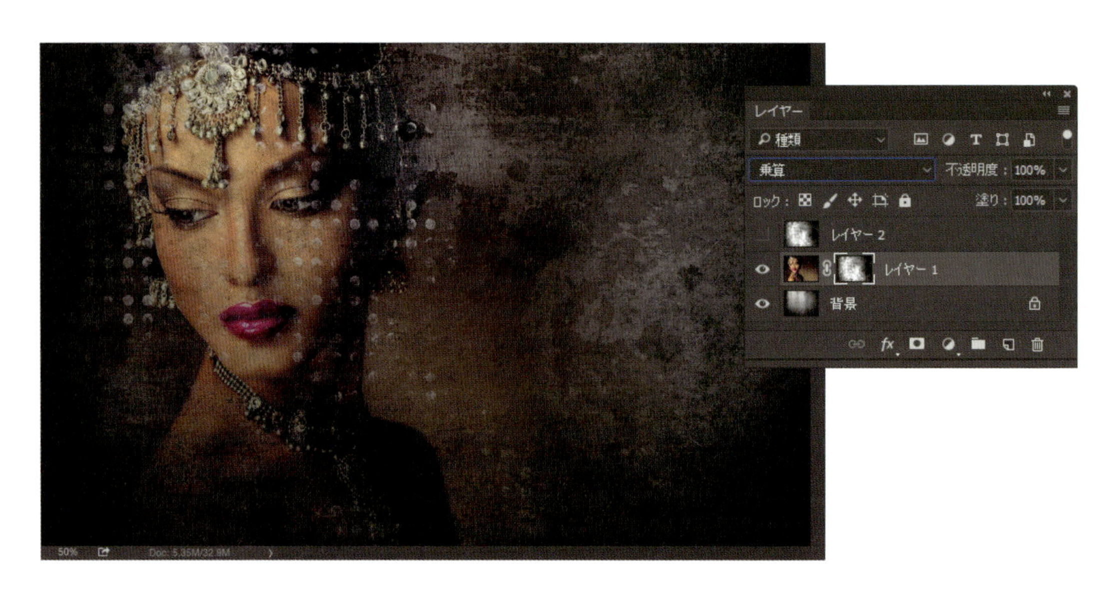

STEP 07 背景テクスチャレイヤーを選択し、[レイヤー]パネル下部の[塗りつぶしまたは調整レイヤーを新規作成]アイコンをクリックして[色相・彩度]を選択します。[属性]パネルで、[色彩の統一]チェックボックスをオンにして、[色相]を40、[彩度]を25に設定します。これにより、背景テクスチャが暖色系の色合いになります。

STEP 08 顔がまだ少し暗いので、簡単なレイヤーテクニックで修正してみましょう。被写体レイヤーの上に新規レイヤーを追加します。[D]キー→[X]キーの順に押して、描画色を白に設定します。[グラデーションツール]を選択し、オプションバーでグラデーションプリセットを[描画色から透明に]に設定し、[円形グラデーション]アイコンをクリックします。被写体の顔の中心から外側へ向かってドラッグし、白い放射状のグラデーションを追加します。グラデーションを追加できたら、このレイヤーの描画モードを[オーバーレイ]に設定し、[不透明度]を30%程度に下げます。チュートリアルはこれで完成ですが、お好みでテキストを追加するなど、色々と試してみても良いです。

最終結果

5-4 手軽な雨と雪

雨や雪のエフェクトを手早く作成したいときなど、私はこのテクニックをよく使用します。非常に簡単なステップで作れるうえに、パターンとして定義しておけば、必要なときにいつでも使用することができる便利なテクニックです。

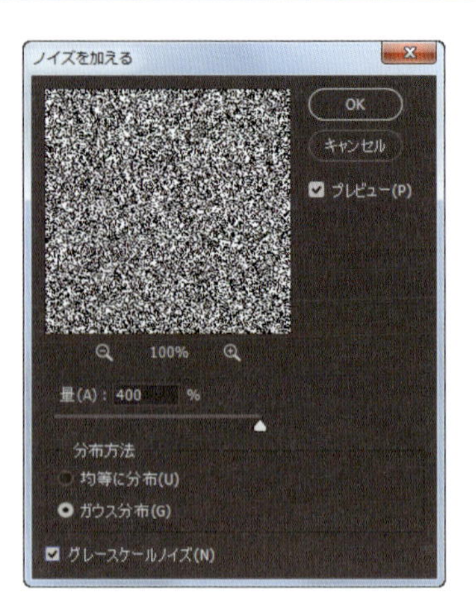

STEP 01 [Ctrl] + [N]キー（[Command] + [N]キー）を押して、[幅]2000px、[高さ]2000px、[解像度]が125ppi、[カンバスカラー]が白の新規ドキュメントを作成します。

STEP 02 [D]キーを押して、描画色と背景色をデフォルトの設定にし、[フィルター]メニュー>[ノイズ]>[ノイズを加える]を選択します。ダイアログで[量]を最大の400%、[分布方法]を[ガウス分布]に設定し、[グレースケールノイズ]チェックボックスをオンにして、[OK]をクリックします。

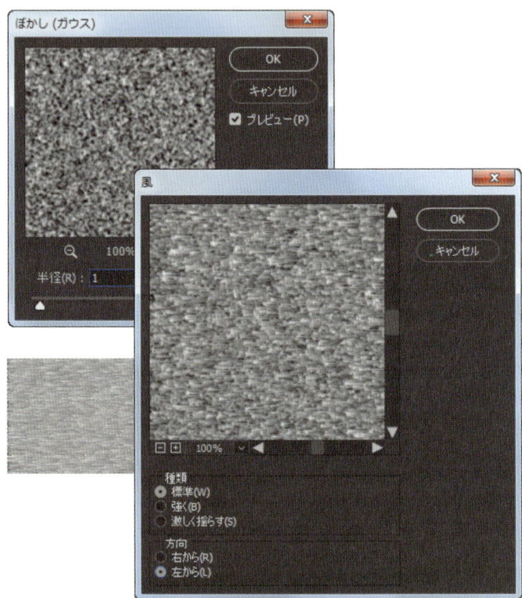

STEP 03 再び[フィルター]メニューに移動し、今度は[ぼかし]>[ぼかし(ガウス)]を選択します。[半径]を1pxに設定し、[OK]をクリックします(これは雨の場合の設定です。雪の場合は、「7px」に設定してからStep 7に進みます)。

STEP 04 もう一度[フィルター]メニューに移動し、[表現方法]>[風]を選択します。[種類]を[標準]、[方向]を[左から]に設定し、[OK]をクリックします。

STEP 05 フィルターの繰り返し適用コマンドである[Ctrl] + [F]キー([Command] + [F]キー)を押して、[風]フィルターを再度適用します。これをさらに8〜10回繰り返し、様式化された風の効果を作ります。

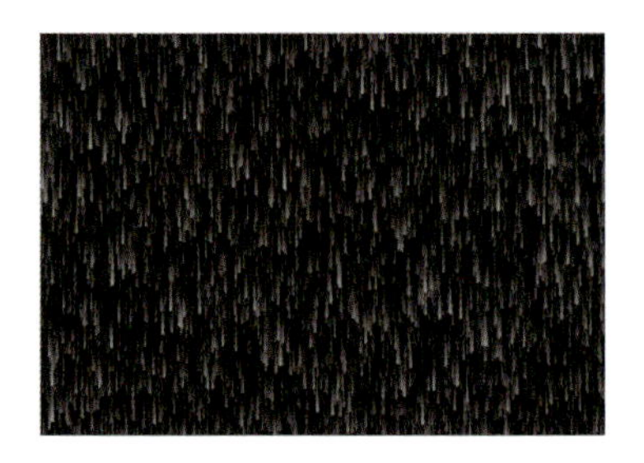

STEP 06 [イメージ]メニュー>[画像の回転]>[90°(反時計回り)]を選択します。模様が縦方向になり、雨のようなイメージに近づきました。

STEP 07 [Ctrl] + [L]キー([Command] + [L]キー)を押して[レベル補正]ダイアログを開きます。シャドウのスポイト(一番左の黒)を選択し、画像の任意の場所をクリックします。雨の場合は、右図のようなイメージになるまで何度かクリックを試してみましょう(雪については、次のページで解説しています)。

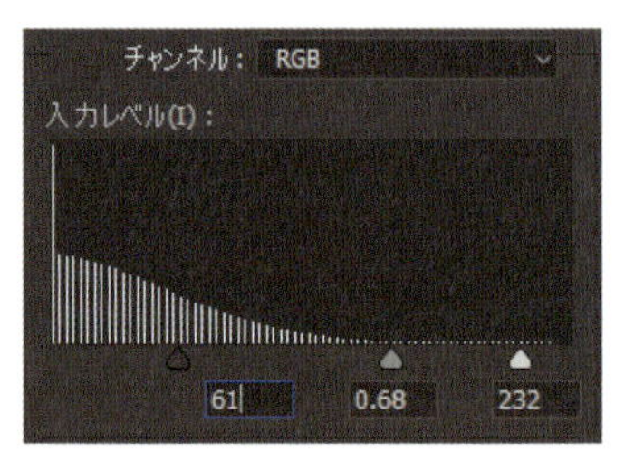

雨が少し多すぎるようなので、[入力レベル]のシャドウスライダを動かして雨全体を減らし、さらにハイライトスライダも少し動かして、残っている雨を明るくします。私は、シャドウを61、中間調を0.68、ハイライトを232に設定しましたが、元の雨の量によっても調整量が変わってくるため、細かい調整は各自で行ってください。

雪の場合は、目的の量になるまで[入力レベル]のシャドウスライダとハイライトスライダを内側に動かし、[OK]をクリックします。次に、[フィルター]メニュー>[その他]>[スクロール]を選択します。[水平方向]および[垂直方向]のスライダを動かし、エッジ(境界線)が縦横それぞれ中央にくるように設定します。

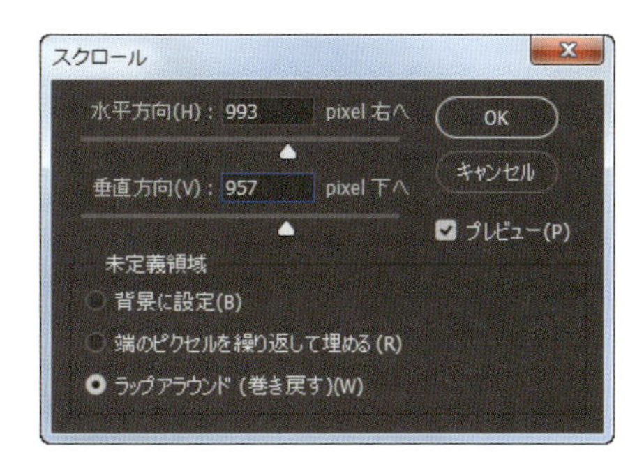

ツールボックスから[パッチツール]([Shift]+[J]キー)を選択し、オプションバーの[パッチ]ポップアップメニューから[コンテンツに応じる]を選択します。エッジ部分を囲むように矩形選択したら、画像の他の部分にドラッグし、ラインが目立たなくなるよう修正します(これ以外にも、[コピースタンプ]ツールなどを使っても修正可能です)。以降の作業は、基本的に雨と同じ手順になります。

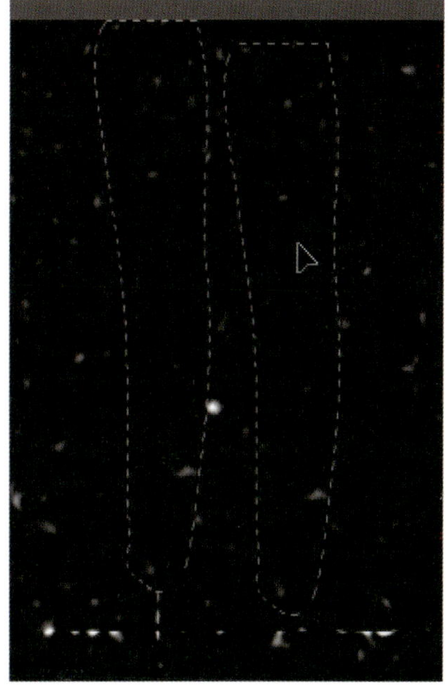

STEP 08 [レイヤー]パネルで、[背景]レイヤーの[ロック]アイコンを[ゴミ箱]アイコンにドラッグし、レイヤーのロックを解除します(レイヤーをダブルクリックしても解除可能です)。[Ctrl]+[T]キー([Command]+[T]キー)で[自由変形]をアクティブにし、オプションバーで回転の角度を10°に設定します。続けて、左側の比率の設定で、鎖のリンクアイコンをクリックしてリンクします。[W]または[H]の設定を125%にすると、もう一方も自動的に設定されます。これにより、背景レイヤーがカンバス領域を完全に覆うようにスケールされます。終わったら[Enter]キー([Return]キー)で編集を確定します。

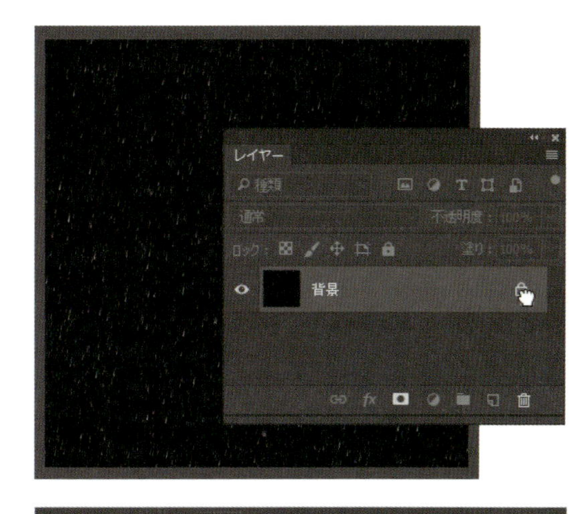

STEP 09 [編集]メニュー>[パターンを定義]を選択し、この画像をパターンとして定義します。

STEP 10 このエフェクトを適用したい画像（演習用ファイル「4_InstantRainSnow.jpg」）を開きます。ここでは、嵐の中の航海をイメージした画像を選びました。新規レイヤーを作成し、[Shift] + [Backspace]キー（[Shift] + [Delete]キー）を押して[塗りつぶし]ダイアログを開いたら、[内容]ポップアップメニューから[50% グレー]を選択し、基本色で塗りつぶします。続けて、このレイヤーに[パターンオーバーレイ]レイヤースタイルを追加します。ダイアログが開いたら、パターンピッカーから先ほど定義したパターンを選択し、[描画モード]を[スクリーン]、[不透明度]を75%程度に設定します。

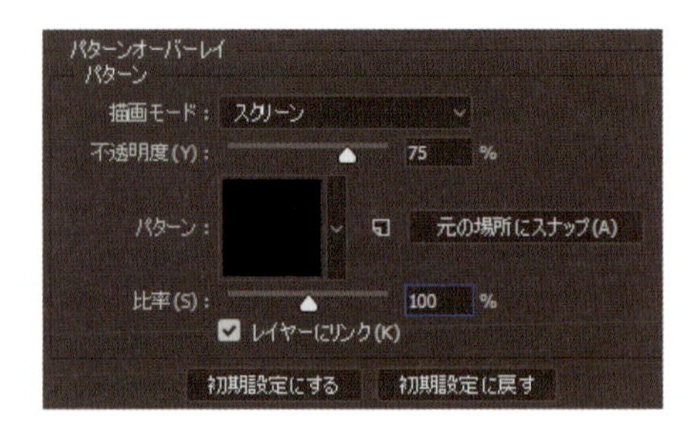

このテクニックの素晴らしいところは、パターンのスケール（比率）を変えることで、雨が近くまたは遠くにあるように見せることができる点です。この時点では、レイヤーの塗りつぶし（グレー）が邪魔をして最終イメージを確認できないので、ひとまず[比率]を 100%程度に設定し、[OK]はクリックせずに次のステップに進みます。

STEP 11 レイヤーの塗りの問題を解決しましょう。左側の[レイヤー効果]をクリックして、[高度な合成]セクションの[塗りの不透明度]を 0%に設定します。これで最終イメージを確認しながら調整を加えられます。

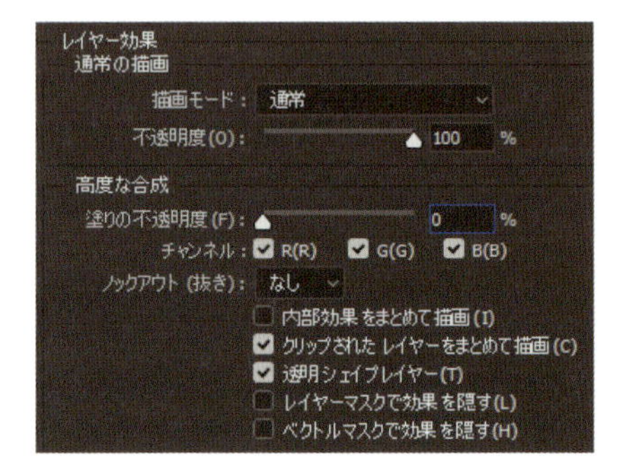

[パターンオーバーレイ]に戻り、適宜[比率]やその他の設定を修正します。また、ダイアログが開いている間であれば、カンバス内を直接ドラッグしてパターンの位置を変更できるので、こちらも適宜調整します。さまざまな設定を実際に試して、どのような結果になるか確認してみてください。作業が終わったら[OK]をクリックします。下図は、私が作成した雨のエフェクトの最終イメージです。

最終結果

5-5 モバイルアプリを使ったブラシエフェクト

今回はCreative Cloudと連携したモバイルアプリの1つ、「Adobe Capture CC」を試してみましょう。Creative Cloudのアカウントにリンクできるため、このアプリで作成したブラシなどのアセットをすぐにPhotoshopで使用することができます。ここではスマートフォンを使って、シンプルな映画チケットの半券写真から抽象的な散布ブラシを作成し、実際にPhotoshopで使用するところまでを解説します（**注**：この演習はCreative Cloud以前のバージョンでは行えないため、ご注意ください）。

STEP 01 スマートフォンで「Adobe Capture CC」を起動して、Creative Cloudアカウントにサインインします（機種等の問題でアプリを入手できないという方は、手順を軽く読んだあとで、手順3の「ヒント」に進んでください）。画面上部の［ブラシ］タブに移動し、下部の［+］（プラス記号）をタップします。ブラシに変えたいグラフィックまたはオブジェクトにカメラの位置を合わせたら、背景をタップして透明領域に指定します（ここでは撮影素材として、白い紙の上に置いた映画チケットの半券を使用していますが、文字（できればローマ字）が書かれた白い紙であれば、特に問題なく代用できます。さらに、下のスライダを使用してチケットのテキストのみが見えるように調整できたら、下部の撮影ボタンをタップしてキャプチャします。

STEP 02 キャプチャが完了したら、切り抜きのバウンディングボックスをグラフィック領域に調整してから、右上の［次へ（→）］をタップします。作成可能なさまざまなタイプのブラシがリストされます。［ADOBE PHOTOSHOP CC BRUSHES］のバーが表示されるまで下にスクロールします。この項目の最初のブラシを選択し、再度［次へ（→）］をタップします。

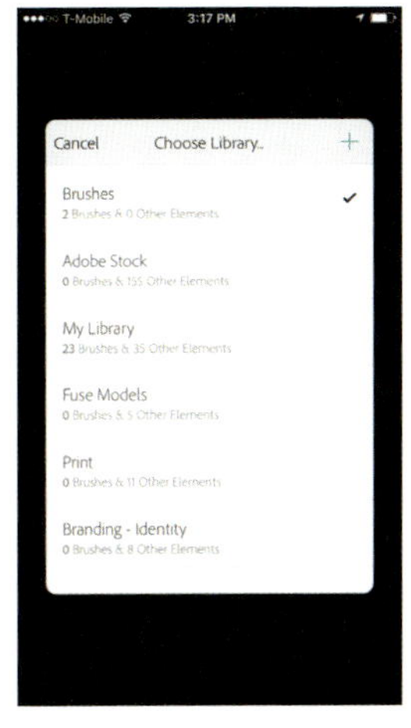

STEP 03 ブラシをテストするためのプレビュー画面が表示されたら、適宜確認を行い、問題がないようなら再度［次に（→）］をタップします。ブラシの保存メニューで名前と移動先（マイライブラリ）を指定し、右上の［+］（またはチェックマーク）をタップします。これで、マイライブラリへの登録が完了しました。なお、表示されるメニュー画面やメニュー名は、機種やバージョンによっても異なる場合があるのでご注意ください。

ヒント：アプリを使えないという方は、携帯電話またはデジタルカメラ等で撮影した中段左図のような写真素材を用意し、Photoshopで開きます。［レベル補正］でコントラストを調整し、［編集］メニュー>［ブラシを定義］を選択して、ブラシを定義します。

STEP 04 ここからは、先ほど作成したブラシを実際の作例で使用していきます。まずは、Photoshopで被写体の画像（Adobe Stock「#24769460」または演習用ファイル「5_MobileBrush.jpg」）を開きます。ここでは、白い背景のシンプルなモデルのショットを選びました。明確なシャドウ領域があり、髪の毛と目はくっきりとした暗い色になっています。

STEP 05 [D]キーを押して、描画色と背景色をデフォルトの設定にしたら、[イメージ]メニュー>[色調補正]>[グラデーションマップ]を選択し、ダイアログで[OK]をクリックします（この章ですでに一度使用している方法です）。

STEP 06 [Ctrl] + [I]キー（[Command] + [I]キー）を押して、階調を反転します。次に、[Ctrl] + [L]キー（[Command] + [L]キー）を押して[レベル補正]ダイアログを開き、[入力レベル]のスライダを中心に向かってドラッグしてコントラストを高めます。ここではシャドウスライダを18、中間調のスライダを0.97、ハイライトスライダを212に設定し、ライトグレーの領域はより暗く、白い領域は明るくなるようにしました。調整が完了したら[OK]をクリックします。

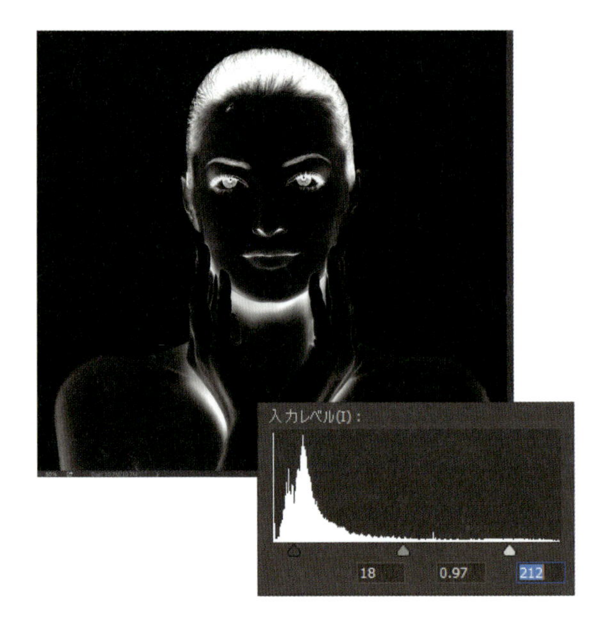

STEP 07 [チャンネル]パネルを開き、[Ctrl]キー（[Command]キー）を押しながら[RGB]チャンネルサムネールをクリックして、画像の明るい領域を選択範囲とし読み込みます。

STEP 08 新規レイヤーを作成し、[レイヤーマスクを追加]アイコンをクリックします。これにより、選択領域は白く、背景が黒いレイヤーマスクが作成されます。

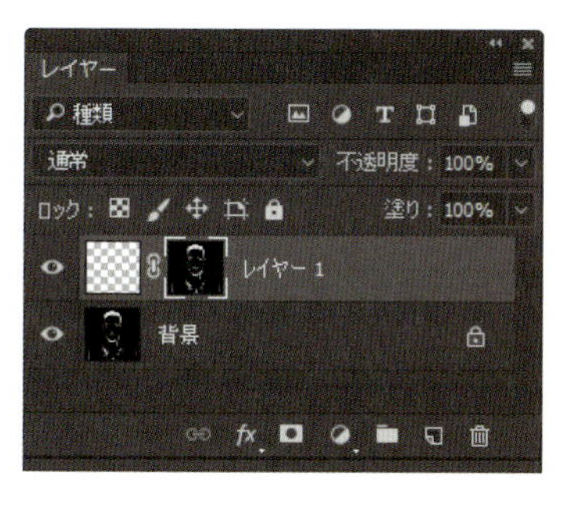

STEP 09 [Ctrl]キー（[Command]キー）を押しながら[新規レイヤーを作成]アイコンをクリックし、このレイヤーの下に別の新しいレイヤーを作成します。[X]キーを押して描画色を白に設定したら、[Alt] + [Backspace]キー（[Option] + [Delete]キー）を押してこのレイヤーを白で塗りつぶします。

STEP 10 ツールボックスから[ブラシツール]（[B]キー）を選択し、[ライブラリ]パネル（[ウィンドウ]>[ライブラリ]）を開きます。[マイライブラリ]に登録されているブラシの中から、先ほど作成したブラシを選択します。作成したブラシがない、または何も表示されていない場合は、パネル右下の[CC]アイコンをクリックして同期を有効にし、ライブラリを最新の状態にします。また、アプリを使用せずに通常の[ブラシを定義]で作成した場合は、オプションバーのブラシプリセットピッカーから選択してください。

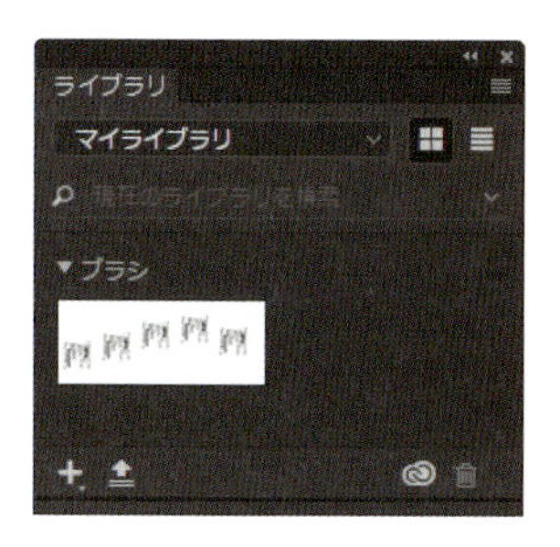

STEP 11 [ブラシ]パネル（[ウィンドウ]>[ブラシ]）を開き、[ブラシ先端のシェイプ]セクションで[直径]を350px、[間隔]を135%に設定します。次に左側の[シェイプ]セクションに移動し、[サイズのジッター]を35%程度に設定して、下部の[左右に反転のジッター]と[上下に反転のジッター]のチェックボックスをオンにします。なお、これらの設定数値はブラシ作成に使った元画像によっても異なるため、細かい数値は各自のブラシに合わせた微調整が必要です。。

STEP 12 [レイヤー]パネルで一番上のレイヤーを選択します（マスクではなく、画像サムネールのほうです）。[X]キーを押して描画色を黒に切り替え、レイヤーをペイントしていきます。レイヤーマスクの白い領域に当たる箇所だけにブラシ効果が適用され、被写体が徐々に浮き出てきたはずです。全体を適度にペイントできたら、次のステップに進みます。

STEP 13 ここからさらに効果を追加していきましょう。新規レイヤーを作成し、[不透明度]を25%に下げます。次に、ブラシサイズを750px程度に上げ、図のように背景領域をランダムにペイントします。

STEP 14 [Ctrl]＋[O]キー（[Command]＋[O]キー）を押して新たにテクスチャ画像（Adobe Stock「#95702107」または演習用ファイル「3_BlendingTextures1.jpg」）を開き、この画像をメインドキュメントにコピーします。[自由変形]を使用してカンバス全体を覆うようにスケーリングし、レイヤーの[不透明度]を25%程度に下げます。最後に[レイヤー]パネルで、白塗りのレイヤーの上に移動します。

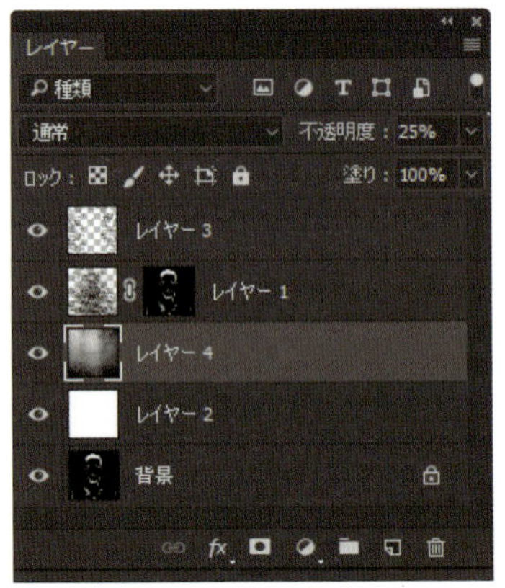

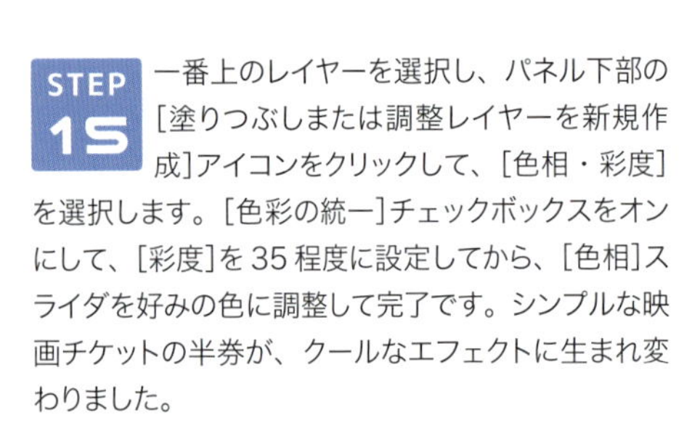
STEP 15 一番上のレイヤーを選択し、パネル下部の[塗りつぶしまたは調整レイヤーを新規作成]アイコンをクリックして、[色相・彩度]を選択します。[色彩の統一]チェックボックスをオンにして、[彩度]を35程度に設定してから、[色相]スライダを好みの色に調整して完了です。シンプルな映画チケットの半券が、クールなエフェクトに生まれ変わりました。

最終結果

CHAPTER

光を使ったデザイン

どのフォトグラファーも口をそろえて言うのは、「ライティングは、素晴らしい写真を撮るのに非常に重要な要素である」ということです。デザインにも同じことが言えるでしょう。これから紹介するライトとシャドウを活用したテクニックを習得すれば、作品の魅力をさらに引き出すことができます。

6-1 ボケのデザイン

「ボケ効果」は本来写真に用いられる用語で、レンズの焦点（被写界深度）の範囲外に表れるボヤけた領域の美しさ、あるいはそれを意図的に利用する表現手法を指します。ここでは、この効果をPhotoshop上で作成し、デザインに利用する方法を紹介します。

STEP 01 [Ctrl] + [N]キー（[Command] + [N]キー）を押して、[幅]と[高さ]を2000px、[解像度]を100ppi、[カンバスカラー]をお好みの色（ここでは青）に設定し、新規ドキュメントを作成します。

STEP 02 ツールボックスから[ブラシツール]（[B]キー）を選択し、[ブラシ]パネル（[ウィンドウ]>[ブラシ]）を開きます。パネル左側で[ブラシ先端のシェイプ]項目に移動し、ブラシプリセットからシンプルなハード円ブラシを選択します。[直径]を750px、[間隔]を225%に設定します。

STEP 03 次に[シェイプ]項目に移動し、[サイズのジッター]を70%程度に設定します。

STEP 04 続けて[散布]項目に移動し、[両軸]チェックボックスをオンにして、[散布]の値を240%に設定します。

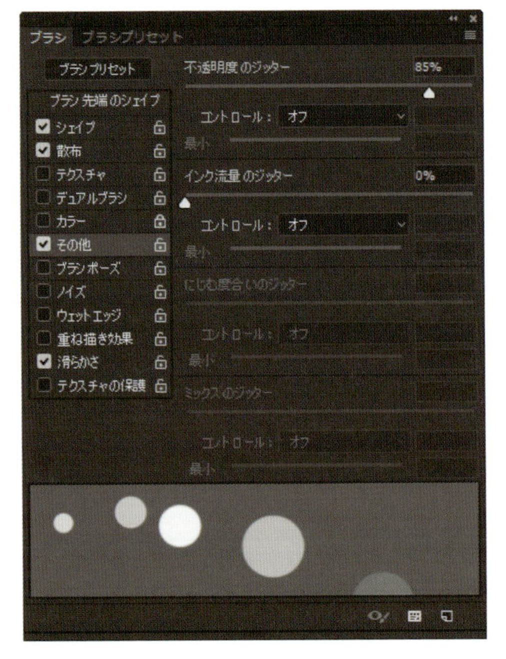

STEP 05 最後に[その他]項目に移動し、[不透明度のジッター]を85%程度に設定します。パネル下部のプレビュー領域が図のようになっているか確認します。確認ができたら新規レイヤーを作成し、レイヤーの描画モードを[オーバーレイ]に設定します。

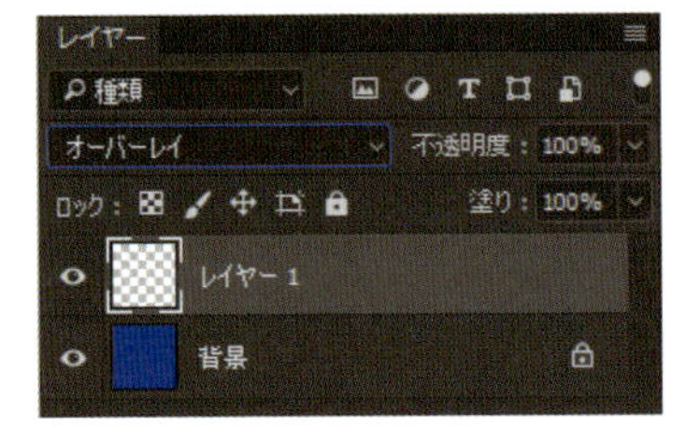

STEP 06 [D]キー→[X]キーの順に押して、描画色を白に設定します。ここで、ボケをペイントしてみましょう。ペイント中、サイズと不透明度がランダムに変化するので、通常のボケに近い外観を得られます。実際、ブラシのサイズを小さくして、[ブラシ先端のシェイプ]セクションの[硬さ]を下げれば、非常にリアルな写真のボケ効果を表現できます。しかし、ここではボケを背景デザイン要素として使用したいので、もう一手間加えていきます。

STEP 07 このレイヤーに[境界線]レイヤースタイルを適用します。[サイズ]を1または2px、[描画モード]を[乗算]、[不透明度]を90%に設定し、[位置]が[外側]になっていることを確認します。さらに、カラースウォッチをクリックして[カラーピッカー]ダイアログを開き、カンバスの背景色をサンプリングします。すべての設定が完了したら、[OK]をクリックしてダイアログを閉じます。円の周囲に面白い境界線の効果が現れ、全体により躍動感を加えることができます。

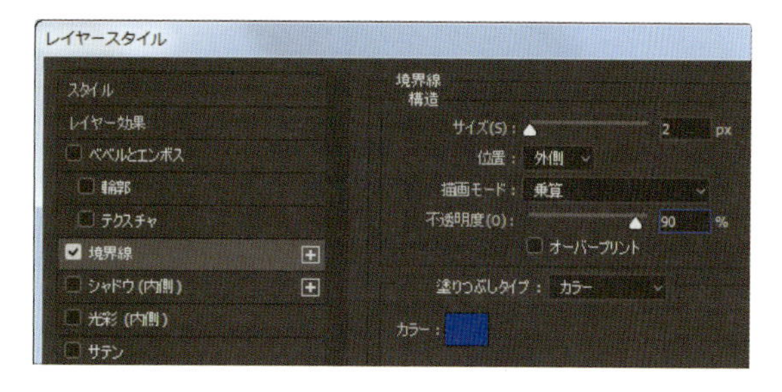

背景が完成したら、その上にテキストやグラフィック、写真などを追加します。私はこれまで同様、Adobe Stock で探してきた被写体画像（「#60926804」または演習用ファイル「1_Bokeh.jpg」）を1枚追加し（背景は適宜処理する必要があります）、さらにその上にもう1枚、画に奥行きを与えるための「ボケ効果」のレイヤーを追加しました。最終イメージは次のとおりです。

©ADOBE STOCK/MARKOS86

最終結果

ヒント：今回作成したブラシは、ペイントするたびに不透明度とサイズがランダムに変化するため、好みの外観にするには試行を重ねる必要があります。ペイントを開始する前に[Ctrl] + [A]キー（[Command] + [A]キー）でカンバス全体を選択しておくと、[Delete]キーでペイント内容を簡単に消すことができ、試行の手間を軽減することができるので是非試してください。

ヒント：[ブラシ]パネルのすべての設定を含めてブラシを保存したい場合は、オプションバーの左端の[ツールプリセット]アイコンをクリックしてから、パネル右端にある[新規ツールプリセットを作成]アイコンをクリックします。これにより、ブラシのすべてのプロパティが保存されるため、必要なときにいつでもブラシを呼び出せるようになります。

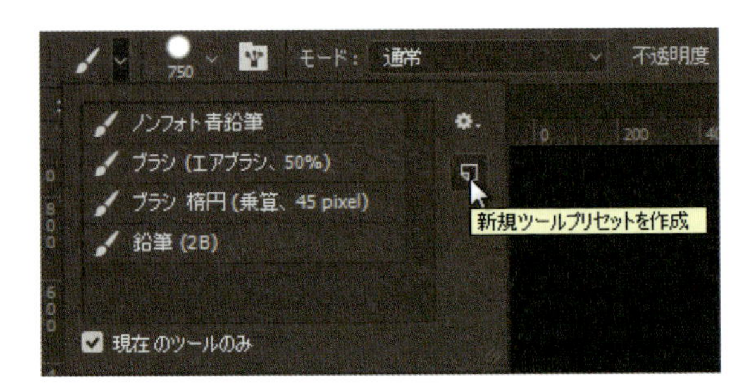

6-2 火花のエフェクトを追加する

火花のエフェクトは非常にクールなデザイン要素で、映画のポスターやバナー広告などでよく目にします。ここでは、シンプルな火花要素を皆さんのデザインに採り入れる方法を紹介します。

STEP 01 まずは、今回使用する火花の画像（Adobe Stock「#79075355」または演習用ファイル「2_AddingSparks1.jpg」）を開きます。似たようなイメージであれば、別の画像を使っても構いません。

STEP 02 次に、エフェクトを追加したいデザイン要素（演習用ファイル「2_AddingSparks2.psd」）を開きます。ここで使用するのは、シンプルな音符のグラフィックです。このグラフィックについての細かい作成方法は割愛しますが、各レイヤーと適用している効果を簡単に見ていきましょう。

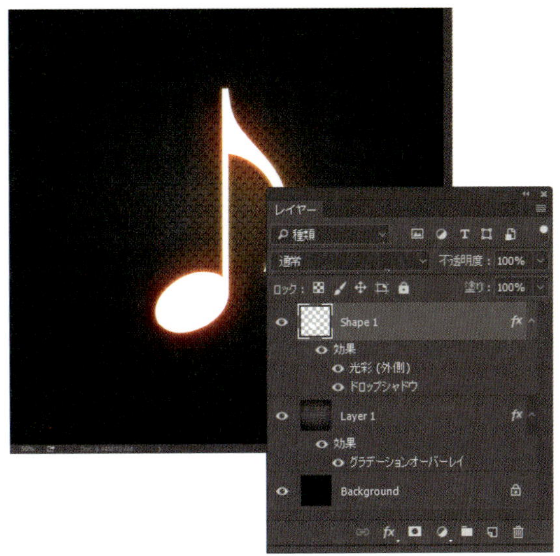

背景のテクスチャには、Chapter5「5-1 シームレスなテクスチャとグラフィックスのブレンド」で行ったように、［グラデーションオーバーレイ］レイヤースタイルを適用しています。

中央の音符は［カスタムシェイプツール］のプリセットシェイプを使ったもので、［光彩（外側）］レイヤースタイルを適用し、［描画モード］を［覆い焼き（リニア）－加算］、［不透明度］を41％、グラデーションプリセットを［描画色から透明に］（描画色をオレンジ）、［サイズ］を24pxに設定しています。また、下のテクスチャに対する補助的な光彩として機能を果たすように、［ドロップシャドウ］レイヤースタイルも適用し、［描画モード］を［リニアライト］、カラーを同じオレンジ、［不透明度］を100％、［距離］を5px、［サイズ］を152pxに設定しています。これにより、グラフィックがさらに赤みを帯びて熱を持った印象になります。

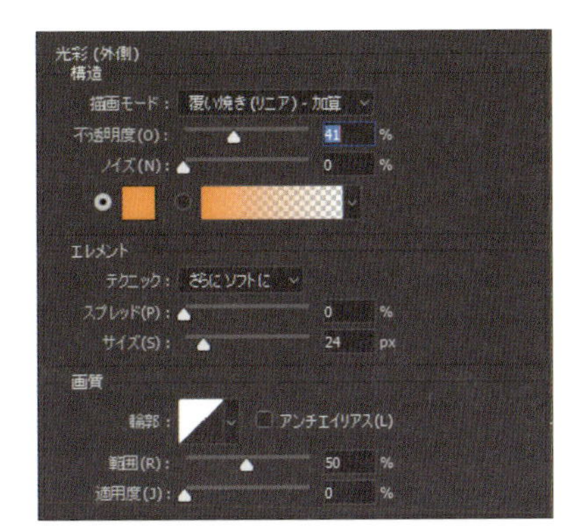

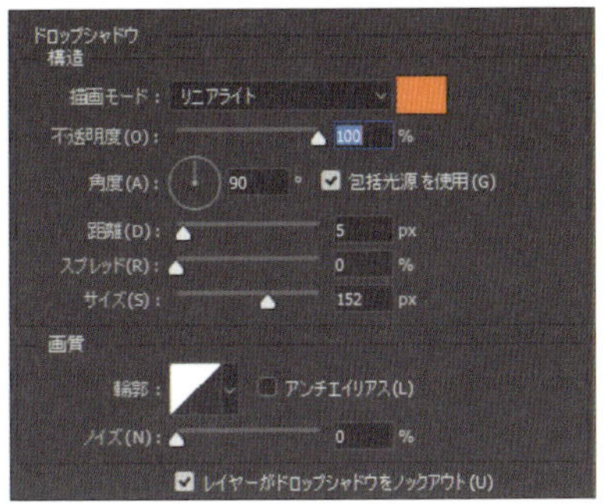

STEP 03 火花のドキュメントに移動し、画像(レイヤー)をメインドキュメントにコピーします。[自由変形]([Ctrl]+[T]キー([Command]+[T]キー))を使用して、カンバスに合わせてスケールおよび回転します(図のように火花が音符の下部から出ているようなイメージにします)。配置ができたら[Enter]キー([Return]キー)を押して編集を確定します。このレイヤーが一番上にあることを確認し、レイヤーの描画モードを[スクリーン]に設定して黒の背景部分を透過させます。

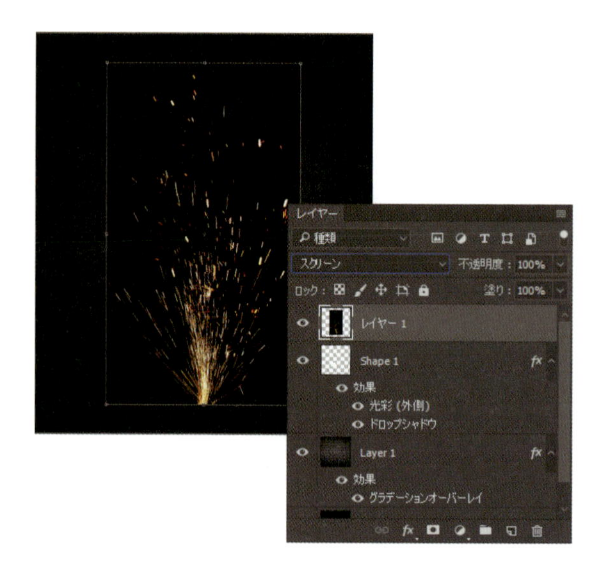

STEP 04 [編集]メニュー>[パペットワープ]を選択し、オプションバーで[メッシュを表示]チェックボックスをオフにします。火花の根元付近をクリックしてピン(コントロールポイント)を配置します。さらに、このピンからまっすぐ上の火花中央と上部にもピンを配置します。配置が気に入らない場合は、ピンをクリックして[Delete]キーで削除し、やり直します。

STEP 05 各ピンをクリック&ドラッグして、グラフィック内で火花を操作してみましょう。3つのピンをそれぞれ図のように配置します。また、[Alt]キー([Option]キー)を押している間は、選択したピンの周囲に回転ガイドが表示されます。このガイドを操作することで、各ピンの周囲の角度を調整できます。[パペットワープ]を使ったことがない方は、慣れるために設定を少しいじってみることをお勧めします。火花を調整できたら、[Enter]キー([Return]キー)を押して編集を確定します。

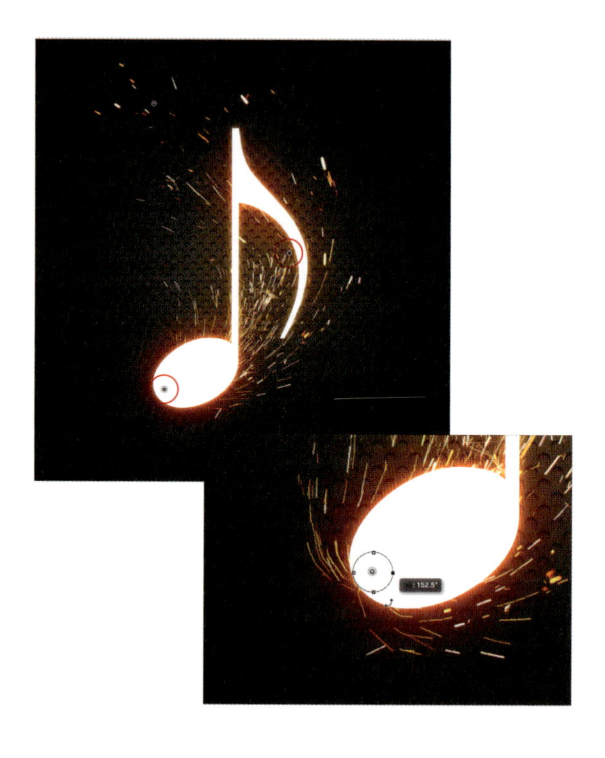

音符のグラフィックはこれで完成ですが、グラフィックによっては、もっと火花を追加したいケースもあるでしょう。そういったケースも、基本的にはここで行った手順を繰り返して火花を追加していく形になります。

以下は同じエフェクトをテキストに適用したものです。テキストには Trajan Pro 3 Bold フォントを使用し、音符と同じレイヤースタイルを適用しています。すべて同じ火花の画像を使用していますが、ワープ操作を変えることで見た目に変化を加えています。また奥行き感を出すために、前景に同じ火花の画像を拡大して配置し、[ぼかし(ガウス)]フィルター(5px 程度)を適用しています。

ボーナストラック

簡単で見事な火花の使用例をもう1つ紹介します。この演習では、黒い背景に浮かぶ火の粉の画像を使用します。まずは、これらの火の粉を背景から抽出するところから開始しましょう。

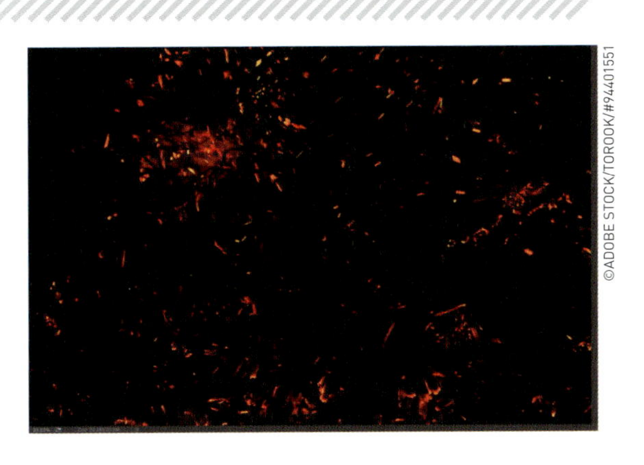

STEP 01 前ページにあったような火の粉の画像（Adobe Stock「#94401551」または演習用ファイル「2_AddingSparks3.jpg」）を開きます。［チャンネル］パネル（［ウィンドウ］>［チャンネル］）を開き、各チャンネルを見ると、火の粉を最も詳細に確認できるのは［レッド］チャンネルであることが分かります。［Ctrl］キー（［Command］キー）を押しながら［レッド］チャンネルのサムネールをクリックして、選択範囲として読み込みます。

STEP 02 ［レイヤー］パネルに戻り、［Ctrl］＋［J］キー（［Command］＋［J］キー）を押して新規レイヤーに選択領域をペーストします。

STEP 03 背景レイヤーを非表示にすると、抽出した火の粉の部分以外に背景（黒）の一部が確認できます。Photoshopには、これを処理できる機能が備わっています。［レイヤー］メニュー>［マッティング］>［黒マット削除］を選択します。これで、余分な黒いピクセルをすべて消すことができました。

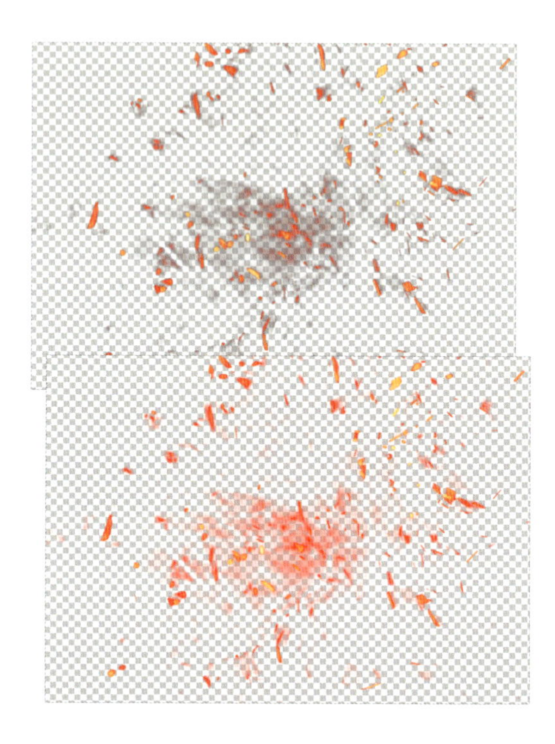

STEP 04 火の粉だけをうまく抽出できたので、これを好きな画像の上に配置しましょう。ここでは映画のポスター風の画像（演習用ファイル「2_AddingSparks4.jpg」）を開き、この画像の下部に配置しました。配置が完了したら、［編集］メニュー>［変形］>［ワープ］を選択します。

STEP 05 表示されたワープグリッドを操作し、シーンに合わせて火の粉を調整します（伸縮により、微妙なモーションブラー効果を加えることもできます）。終わったら［Enter］キー（［Return］キー）を押して編集を確定します。火の粉の全体量を減らしたい場合は、［消しゴムツール］（［E］キー）を使用して、シンプルな円ブラシで火の粉をランダムに消去します。最後に、このレイヤーの描画モードを［スクリーン］に変更して完成です。最終イメージは右ページを参照してください。

最終結果

6-3 光のフレアとリング

フレアエフェクトは、さまざまな合成作品に急速に普及したエフェクトです。ここでは、映画のポスターなどでよく目にするようなクールなフレアエフェクトを簡単に作成する方法を解説します。さらにボーナストラックとして、そのブラシを応用した便利な小技も紹介します。

STEP 01 まずは、今回使用するフレア画像（演習用ファイル「3_LightFlaresRings1.jpg」）を開きます。似たようなイメージであれば、別の画像を使っても構いません。

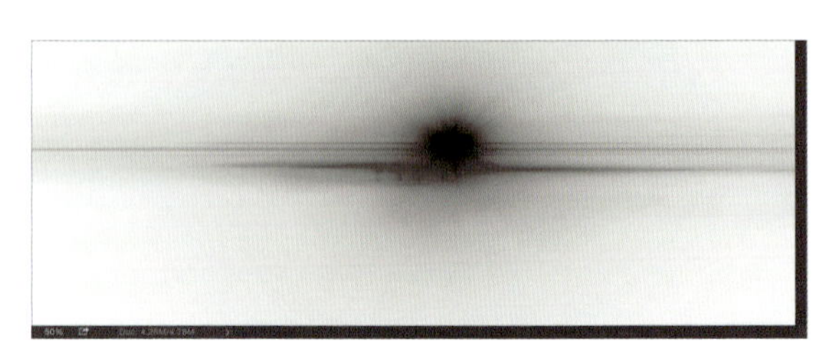

STEP 02 [Ctrl] + [Shift] + [U]キー（[Command] + [Shift] + [U]キー）を押して画像の彩度を下げてから、[Ctrl] + [I]キー（[Command] + [I]キー）を押して階調を反転します。

STEP 03 [Ctrl] + [L]キー（[Command] + [L]キー）を押して[レベル補正]を開き、[入力レベル]のハイライト（白）スライダを少し左に動かして、薄いグレー領域を取り除き、背景を白に近づけます。中間調（グレー）スライダも少し左にドラッグし、グレー領域を狭めます。最後にシャドウ（黒）スライダを右に少し動かしてフレアを暗くし、[OK]をクリックします。

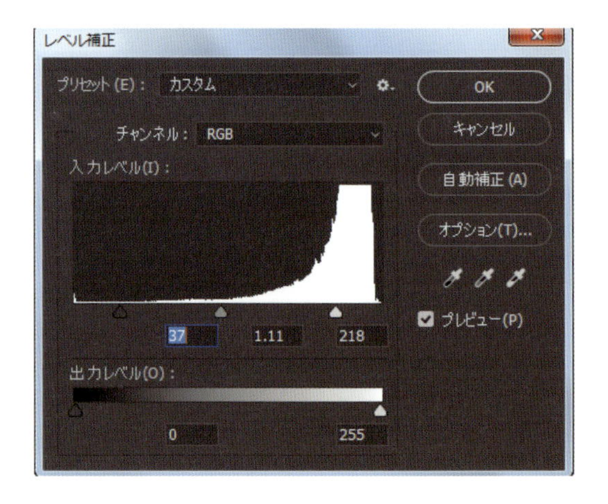

STEP 04 [編集]メニュー>[ブラシを定義]を選択し、この画像をブラシとして定義します。

STEP 05 次に、フレアエフェクトを追加したい画像（演習用ファイル「3_LightFlaresRings2.jpg」またはご自身で用意した画像）を開きます。[ブラシツール]（[B]キー）を起動して、オプションバーのブラシピッカーで先ほど定義したブラシを選択します。新規レイヤーを作成し、描画色が白になっていることを確認して、お好みの位置にフレアをペイントします。オプションとして、フレアレイヤーに[光彩（外側）]レイヤースタイルを追加すると、シーンに合うカラー効果を作ることができます（右ページの最終イメージではテキストに反射しています）。

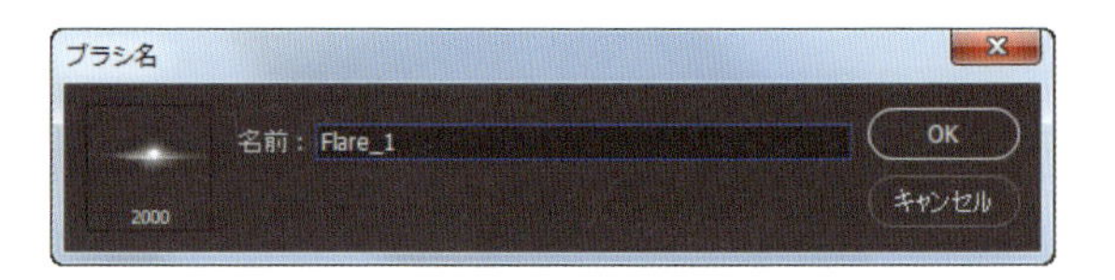

最終結果

ボーナストラック

ここではフレアブラシを用いた便利なテクニックをもう1つ紹介します。

STEP 01 [Ctrl] + [N]キー（[Command] + [N]キー）を押して、[幅]2000px、[高さ]2000px、[カンバスカラー]が黒の新規ドキュメントを作成します。[ブラシツール]（先ほどのフレアブラシ）を選択し、[D]キー→[X]キーの順に押して描画色を白に設定したら、新規レイヤーを作成します。

STEP 02 ブラシサイズを1200px程度に設定し、カンバスの下のほうに3つのフレアをペイントします。

STEP 03 [フィルター]メニュー＞[変形]＞[極座標]を選択します。[直交座標が極座標に]がオンになっていることを確認し、[OK]をクリックします。すると、素晴らしいフレアリングが出来上がります。

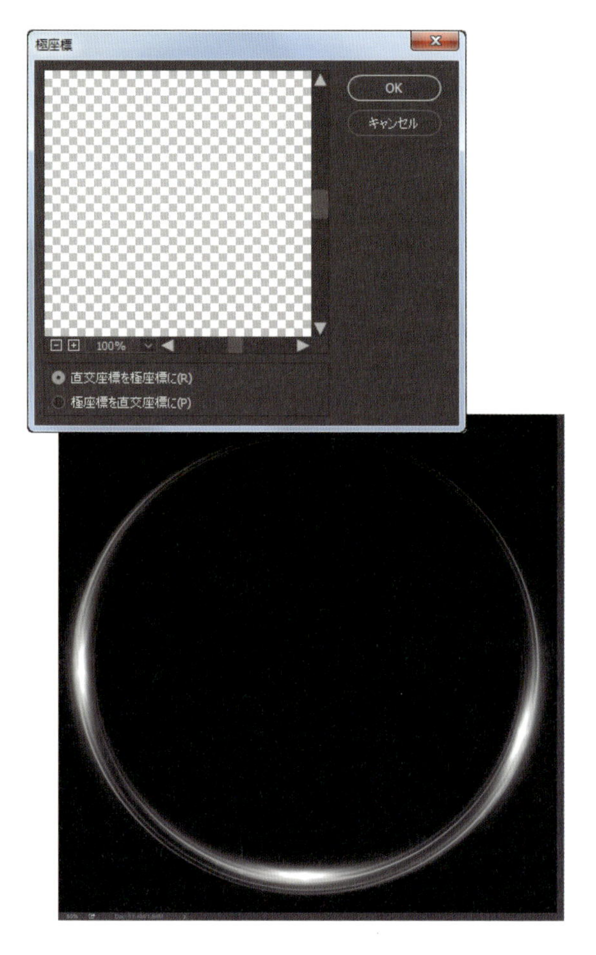

©ADOBE STOCK/ARTEM FURMAN

STEP 04 作成したフレアリングをお好みのグラフィックデザインに追加しましょう。私は、Chapter 3 で作成した HUD 要素とともにスポーツジムの広告のようなデザイン（演習用ファイル「3_LightFlaresRings3.jpg」）に追加し、Chapter 5 でやったように被写体レイヤーに［グラデーションオーバーレイ］レイヤースタイルを適用しました。

さらにリングレイヤーには、前の作例でも出てきたクールな［光彩（外側）］レイヤースタイルを追加しています。設定は、［描画モード］を［覆い焼き（リニア）－加算］、［不透明度］を 100%、色を明るいミディアムブルー、［サイズ］を 40px 程度にしました。ただし、使用する画像によっては調整が必要なので注意しましょう。

レイヤースタイル
スタイル
レイヤー効果
ベベルとエンボス
輪郭
テクスチャ
境界線
シャドウ（内側）
光彩（内側）
サテン
カラーオーバーレイ
グラデーションオーバーレイ
パターンオーバーレイ
光彩（外側）
ドロップシャドウ
光彩（外側）
構造
描画モード：覆い焼き（リニア）- 加算
不透明度(O)：100 %
ノイズ(N)：0 %
エレメント
テクニック：さらにソフトに
スプレッド(P)：0 %
サイズ(S)：40 px
画質
輪郭：
アンチエイリアス(L)
範囲(R)：50 %
適用度(J)：0 %

6-4 シンプルな光の筋のデザイン要素

ここでは、「光の筋」をデザイン要素として用いた好例を紹介します。一度このエフェクトの仕組みを理解してしまえば、さまざまなデザインに活用することができます。

©ADOBE STOCK/OLLY

STEP 01 まずは、ここで使用する被写体画像（Adobe Stock「#53199300」または演習用ファイル「4_SimpleLightStreak.jpg」）を開きます。似たようなイメージであれば、別の写真を使っても構いません。

STEP 02 次に、[Ctrl] + [N]キー（[Command] + [N]キー）を押して、[幅]1350px、[高さ]2000px、[解像度]100ppi、[カンバスカラー]をメイン画像に合う色に設定し（ここでは図のようなティール（青緑）にしました）、新規ドキュメントを作成します。先ほど開いた被写体の画像をこのドキュメントにコピーします。自由変形を使って拡大および配置ができたら、[Ctrl] + [J]キー（[Command] + [J]キー）を押してこのレイヤーを複製します。当面の間、この複製レイヤーは非表示にしておきます。

STEP 03 [レイヤー]パネルで元の被写体レイヤーを選択し、再び[自由変形]をアクティブにします。オプションバーで画像を元のサイズの約200%（縦横比維持）に拡大したら、そのままカンバスを右クリックして、[水平方向に反転]を選択します。被写体の位置を調整し、[Enter]キー（[Return]キー）で変更を確定します。次に[Ctrl] + [Shift] + [U]キー（[Command] + [Shift] + [U]キー）を押して彩度を下げ、レイヤーの[不透明度]を20%程度にします。

STEP 04 この被写体レイヤーの１つ上に新規レイヤーを追加します。[長方形選択ツール]([M]キー)を使い、縦長の長方形選択範囲を作成します。次に、[Shift] + [Backspace]キー([Shift] + [Delete]キー)を押して[塗りつぶし]ダイアログを開き、[内容]を[50% グレー]に設定して[OK]をクリックします。

STEP 05 一番上の複製レイヤーを表示および選択し、[自由変形]を使用して、被写体がちょうどカンバスに収まる程度のサイズに拡大します。[Enter]キー([Return]キー)を押して編集を確定したら、[Ctrl] + [Alt] + [G]キー([Command] + [Option] + [G]キー)を押して、クリッピングマスクを作成します。

STEP 06 ここから、エフェクトの作成に入ります。長方形のエッジに「光の筋」を加えて、クールなイメージに仕上げていきます。[レイヤー]パネルの一番上に新規レイヤーを作成し、ツールボックスから[ブラシツール]([B]キー)を選択します。オプションバーのブラシサムネールをクリックしてブラシピッカーを開き、標準のソフト円ブラシを選択します。ここでは、ブラシサイズ([直径])を約65px、[硬さ]を0に設定しました。[ブラシ]パネル([ウィンドウ]>[ブラシ])を開き、左側の[シェイプ]項目をクリックします。ペンタブレットを使用していない場合でも、[サイズのジッター]の[コントロール]ポップアップメニューで[筆圧]を選択します。

STEP 07 ツールボックスから[ペンツール]([P]キー)を選択し、オプションバーの左端でツールモードが[パス]に設定されていることを確認します。クリッピング領域(長方形)の左上コーナーをクリックして、パスを開始します。続けて、[Shift]キーを押しながらクリッピング領域の左下のコーナーをクリックして、垂直のパスを作成します。パスを作成できたら、[D]キー→[X]キーの順に押し、描画色を白に設定します。

STEP 08 [パス]パネル([ウィンドウ]>[パス])を開き、パスレイヤー([作業用パス])が選択されていることを確認します。次に、[パス]パネル右上のフライアウトメニューから[パスの境界線を描く]を選択します。ダイアログが表示されたら[ツール]ポップアップメニューから[ブラシ]を選択し、[強さのシミュレート]チェックボックスをオンにして、[OK]をクリックします。これにより、エッジに沿ってクールな光の筋が追加されます。

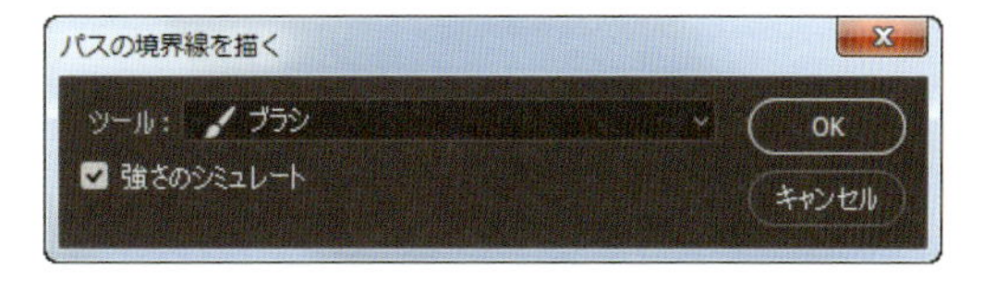

STEP 09 [パスコンポーネント選択ツール]（[A]キー）を使用して垂直のパスをつかみ、クリッピング領域（長方形）の右辺にドラッグで移動します（スナップが有効になっていれば、ある程度近付くと境界ラインにスナップされるはずです）。

STEP 10 先ほどの手順で一度ブラシをパスに適用しているので、[パス]パネルの下部アイコンの左から２番目の[ブラシでパスの境界線を描く]アイコンをクリックすることができます（このアイコンには、最後に使用したブラシが記憶されています）。光の筋を両辺に追加できたら、パスレイヤーの選択を解除しておきます（パネルの空きスペースをクリック）。

STEP 11 [レイヤー]パネルに戻り、このレイヤーに[光彩（外側）]レイヤースタイルを追加します。私は、[描画モード]を[ビビッドライト]、[不透明度]を71%、[ノイズ]を4%、描画色を薄い青紫、[サイズ]を65pxに設定しました。また、長方形レイヤーと光の筋レイヤー（レイヤー2と3）の両方を選択し、[自由変形]で傾きとサイズを調整することで、より面白いレイアウトにすることもできます（右ページ上の画像参照）。

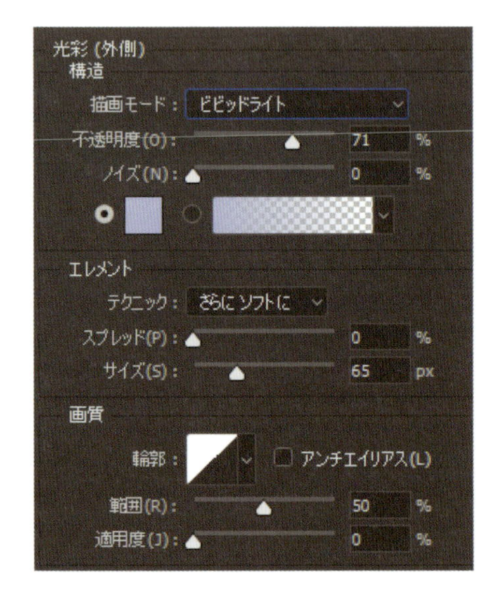

また、私は背景レイヤーのロックを解除し、このレイヤーに[グラデーションオーバーレイ]レイヤースタイルを適用して、平坦なイメージにライティングでディテールを加えました（設定は右図参照）。結果は、右ページの下の画像のようなイメージになります。

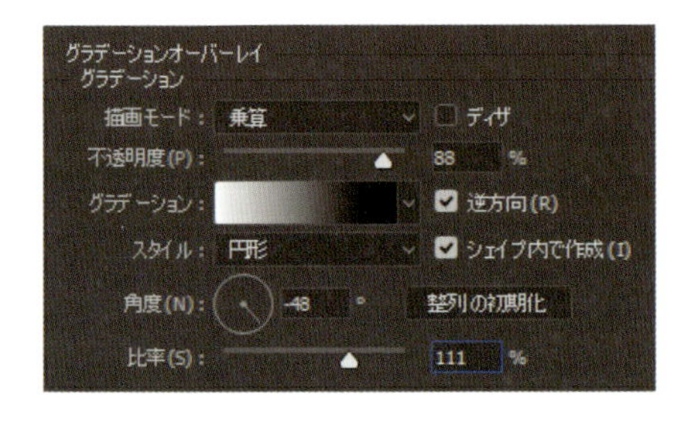

[グラデーションオーバーレイ]レイヤースタイルを追加した場合

Chapter Seven

色を使ったデザイン

本書にカラー効果を用いたデザインの章を含めた理由は、デザインにおいて色は非常に重要な意味を持つからです。いくら優れたデザインであっても、不適切なカラーによって台無しになることもあります。Photoshopでの色の仕組みを理解することで、よりクリエイティブに色を使用できるようになります。

7-1 調整レイヤーを使用したカラーエフェクト

このエフェクトにはさまざまな作成方法がありますが、ここでは私がよく使用する方法を紹介していきます。それは元の画像のカラーを使用した、非破壊的なプロセスです。シンプルですが、非常にインパクトのある結果を得られます。

STEP 01 まずは、エフェクトを適用したい画像（Adobe Stock「#83155572」または演習用ファイル「1_IsolatedColor.jpg」）を開きます。ここではジュエリーの広告イメージのような、宝石が強調されているショットを使用します。

STEP 02 まずは画像を白黒に変換しましょう。[D]キーを押して、描画色と背景色をデフォルトに戻したら、[レイヤー]パネル下部の調整レイヤー作成アイコンから[グラデーションマップ]を追加します。

STEP 03 ツールボックスから[ブラシツール]（[B]キー）を選択し、オプションバーのブラシピッカーからシンプルなソフト円ブラシを選択します。次の手順は、ワコムなどのペンタブレットを使用している人を対象としています（使用していない人のために別手順も解説しますが、非是導入を検討してみてください）。[ブラシ]パネル（[ウィンドウ]>[ブラシ]）で左側の[その他]セクションを選択し、[不透明度のジッター]を0%、[コントロール]ポップアップメニューを[筆圧]に設定します。タブレットを持っていない場合は、オプションバーのブラシの[不透明度]を10%程度に下げてください。

STEP 04 グラデーションマップを非表示にしたい（つまり、元の画像のカラーを表示させたい）領域に、レイヤーマスクをペイントします。ここでは、宝石、唇、爪をペイントしましょう。[筆圧]設定がオンになっている場合、ペンで軽く圧を加えると、ストロークを重ねるごとに元のカラーが現れてきます。今回は、カラーを100%見せるというよりは、ほのかに残すイメージでペイントします（右図はまだ途中段階のものです）。

ヒント：[筆圧]を使用しなくても同じことが行えます。前述のようにブラシの[不透明度]を10%程度に設定して同じ場所をペイントすれば、回数を重ねるごとに元のカラーが現れてきます。

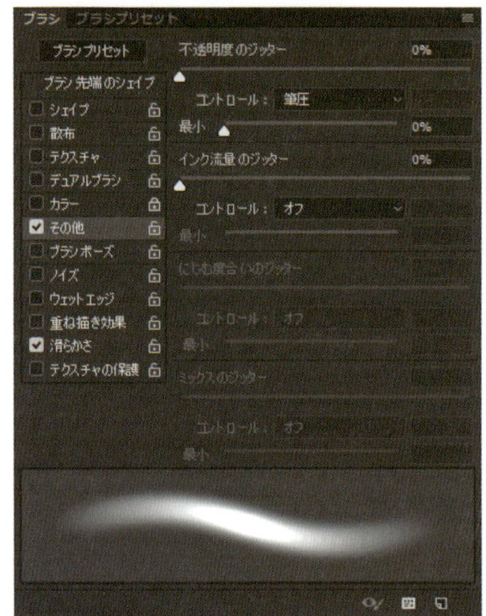

STEP 05 ペイントが終わったら、[レイヤー]パネル下部の調整レイヤー作成アイコンから[レベル補正]を追加します。この調整レイヤーを[グラデーションマップ]調整レイヤーの下に移動し、描画モードを[ソフトライト]に設定します。

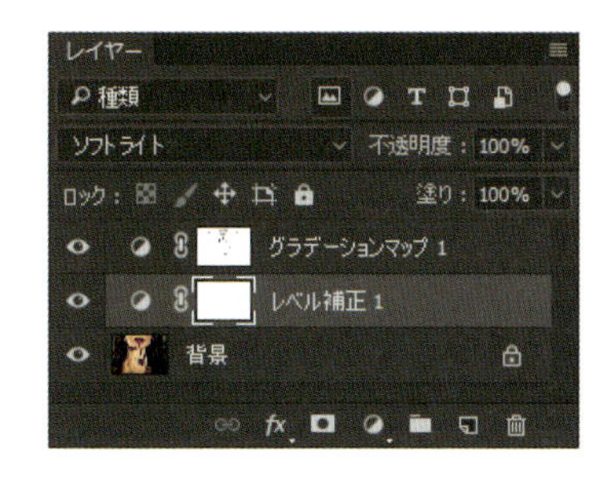

STEP 06 [属性]パネルを操作して被写体のコントラストをもう少し高めましょう。ヒストグラムの下のハイライトスライダを大きく左に移動して(185 程度)、画像内の白を増やします。また、中間調とシャドウのスライダを右に少し移動します(それぞれ 1.11 と 5)。これで、より様式化された外観になります。

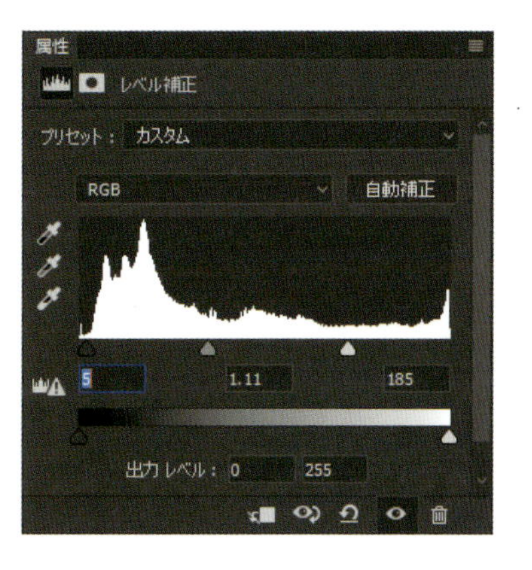

STEP 07 最後に、[横書き文字ツール]([T]キー)でテキストを追加すれば完成です。ここでは、Trajan Pro Regular フォントを使用しました。テキストレイヤーの描画モードを[差の絶対値]に設定することで、髪の毛のハイライト領域(カールした部分など)が文字に重なっているような効果を出すことができます。

最終結果

7-2 携帯電話で撮影した画像を使用してダブルトーンエフェクトを作成する

私は携帯電話で撮影した画像をよく作品に用いますが、なぜ携帯電話かというと、それは普段から持ち歩いているというシンプルな理由です。気になったものを撮りためておくことがほとんどですが、時には、デザインとしての用途をしっかり考えて撮影することもあります。右の写真は、私がロサンゼルスのステイプルズ・センターを撮影したショットです。建物のラインや角度が気に入っていて、直観的にクールなカラー背景エフェクトに活用できると思いました。

STEP 01 私が撮影したこの写真（演習用ファイル「2_CreatingDuotone1.jpg」）を開きます。前回のチュートリアルと同じように、[グラデーションマップ]を使用してカラーを除去しますが、今回は[イメージ]メニュー＞[色調補正]＞[グラデーションマップ]を選択して、調整レイヤーとしてではなく、レイヤーに直接適用します。ダイアログが表示されたら、[OK]をクリックします。

STEP 02 [Ctrl] + [N]キー（[Command] + [N]キー）を押して、[幅]1100px、[高さ]1500px、[解像度]100ppi、[カンバスカラー]がビビットピンク(R=238、G=20、B=91)の新規ドキュメントを作成します。

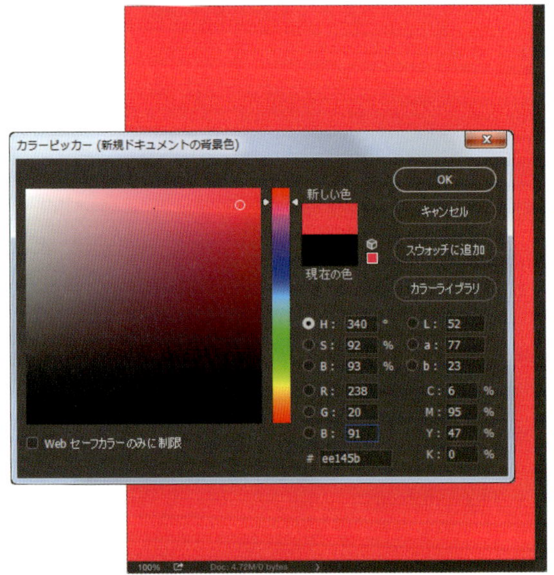

STEP 03 写真のドキュメントに戻り、今度は[イメージ]メニュー＞[色調補正]＞[レベル補正]を選択します。ダイアログが表示されたら、ハイライトスライダを左に、シャドウスライダを右にドラッグして全体のコントラストを高め、空をより明るくします。調整が終わったら[OK]をクリックします。

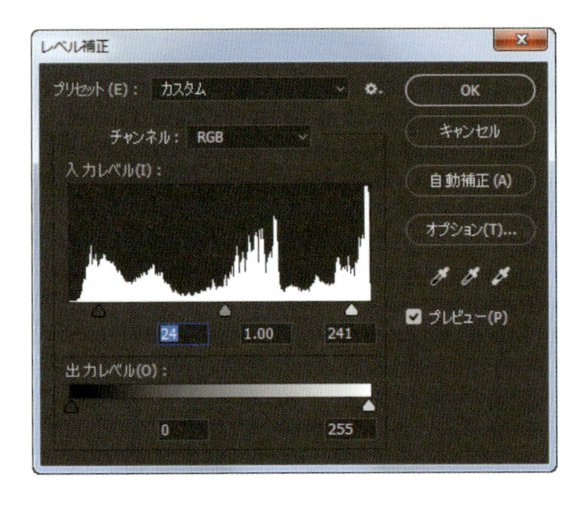

STEP 04 [Ctrl] + [I]キー([Command] + [I]キー)を押して階調を反転し、ネガのようなイメージにします。

STEP 05 [チャンネル]パネル([ウィンドウ]>[チャンネル])を開き、[Ctrl]キー([Command]キー)を押しながら[RGB]サムネールをクリックして、明るい領域を選択範囲として読み込みます。

STEP 06 [レイヤー]パネルに戻り、新規レイヤーを作成します。描画色を明るい青(R=0、G=0、B=255)に設定し、[Alt] + [Backspace]キー([Option] + [Delete]キー)を押してその色で選択範囲を塗りつぶします。塗りつぶしが完了したら、[Ctrl] + [D]キー([Command] + [D]キー)で選択を解除します。

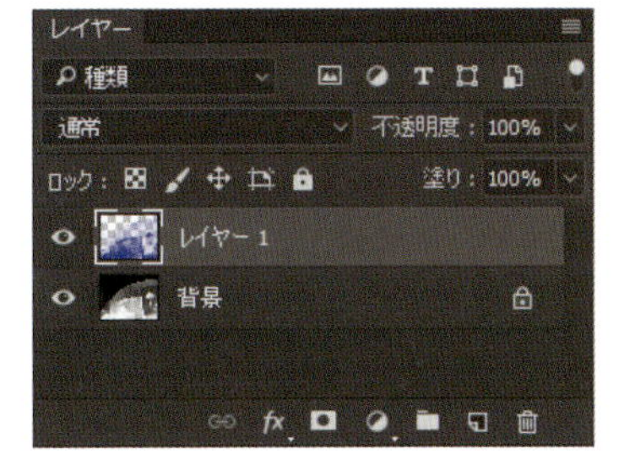

STEP 07 この新しいレイヤーをStep 2で作成したドキュメントにコピーします。[自由変形]を使用し、新しい構図内でそのレイヤーのスケールと位置を調整します。ここでは、拡大して少し回転させました。

STEP 08 [レイヤー]パネルで、このレイヤーの描画モードを[乗算]、[不透明度]を75%に設定します。

STEP 09 最後に、[横書き文字ツール]（[T]キー）でテキストを追加したら完成です。ここでは、Eurostile Extended 2とEurostile Bold Extended 2フォントを使用し、[ドロップシャドウ]レイヤースタイルを追加しました。すべての出発点は、iPhoneで撮影した1枚の写真です。

最終結果

この例は、iPhoneを使って車の中で撮ったショットを使用したものです。一見すると失敗したように見える写真でも、カラーによってクリエイティブな作品に生まれ変わることもあります。

COREY BARKER

最終結果

7-3 シェイプレイヤーを使用したカラーブレンドエフェクト

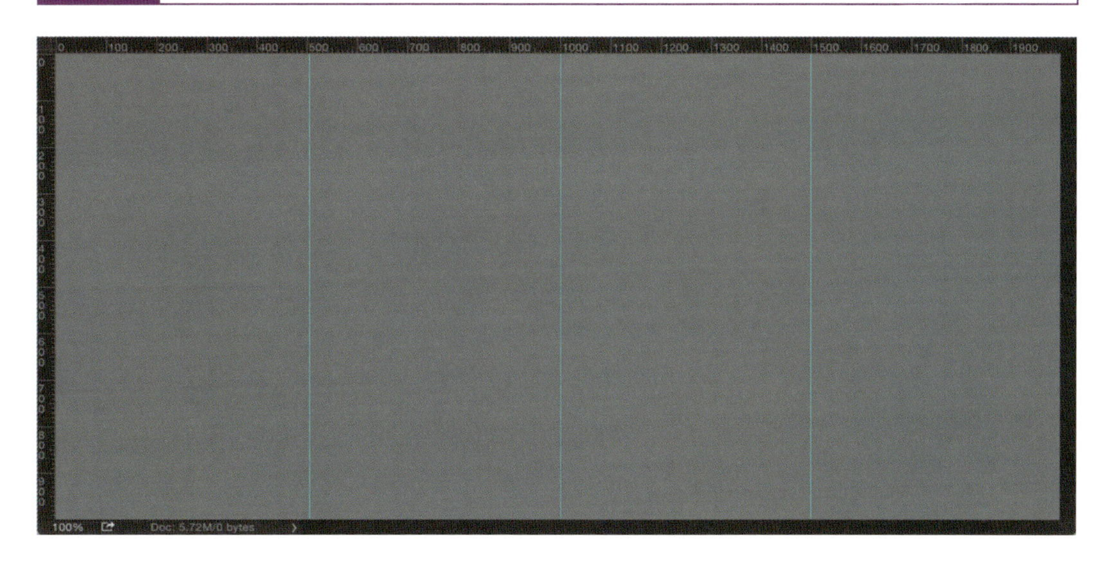

ここでは、工業製品の広告などに使うと効果的なエフェクトを紹介します。シンプルなカラーバー（色の帯）を使用して面白いレイアウトを作成してから、描画モードを使って製品と背景をブレンドしていきます。

STEP 01 [Ctrl] + [N]キー（[Command] + [N]キー）を押して、[幅]2000px、[高さ]1000px、[解像度]100ppiの新規ドキュメントを作成します（背景色はこの後変更するので適当で構いません）。[Shift] + [Backspace]キー（[Shift] + [Delete]キー）を押し、[塗りつぶし]ダイアログで[内容]を[50% グレー]に設定して[OK]をクリックします。定規が表示されていない場合は、[Ctrl] + [R]キー（[Command] + [R]キー）で表示します。垂直（左端）の定規にカーソルを合わせたら、クリック&ドラッグしてガイドを水平定規の500pxの位置に配置します。同じように、さらに2つのガイドを1000pxと1500pxの位置に配置します。

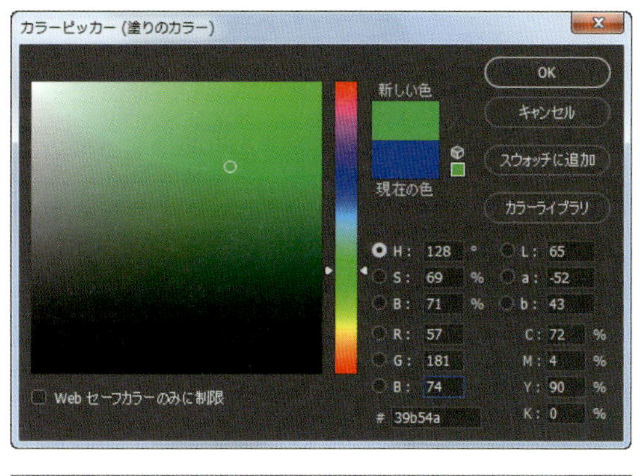

STEP 02 ツールボックスから[長方形ツール]（[U]キー）を選択します。オプションバーでツールモードを[シェイプ]に設定し、[線]のカラーをなしに設定します。[塗り]のスウォッチをクリックしてから、カラーピッカーの右上の虹色のスウォッチをクリックして、図のような緑（R＝57、G＝181、B＝74）に設定し、[OK]をクリックします。

STEP 03 図のように、ガイドで区切った一番左端のセクションを矩形選択して、緑のシェイプレイヤーを作成します。

ヒント：すでに何度か説明していますが、[表示]メニューで[スナップ]および[スナップ先]の[ガイド]がオンになっていれば、矩形選択やガイド配置の際に適切な位置にスナップされます。

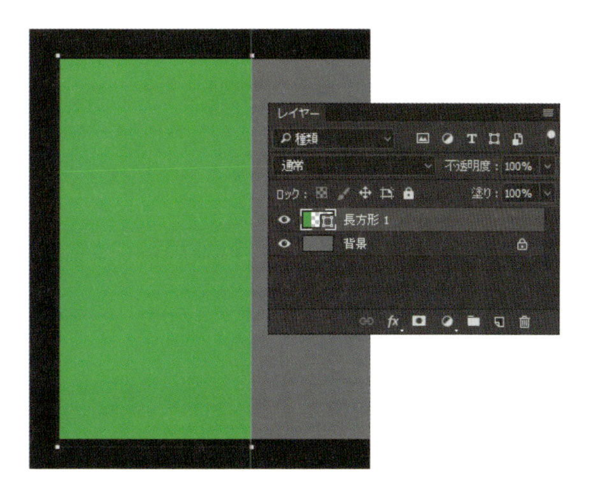

STEP 04 同じように、ガイドで区切った2つ目のセクションに長方形のシェイプレイヤーを作成します。

STEP 05 作成された2つ目のシェイプレイヤーのサムネールをダブルクリックして、塗りつぶしのカラーピッカーを開きます。色をミディアムブルー（R＝0、G＝114、B＝188）に設定して、[OK]をクリックします。

STEP 06 同様に、ガイドで囲まれた3つ目のセクションに別の長方形シェイプレイヤーを作成し、色をオレンジ（R＝248、G＝148、B＝29）に設定します。

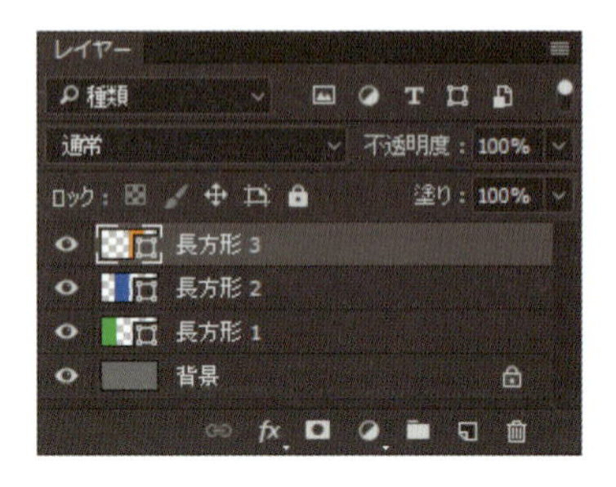

STEP 07 最後に一番右側のセクションにも長方形シェイプレイヤーを作成し、黒で塗りつぶします。

STEP 08 [レイヤー]パネルで、作成した4つのシェイプレイヤーをまとめて選択し、[Ctrl]＋[T]キー（[Command]＋[T]キー）を押して[自由変形]をアクティブにします。カンバス上でいずれかのシェイプを右クリックして、メニューから[ゆがみ]を選択します。

STEP 09 [Alt]キー（[Option]キー）を押しながら上部中央のコントロールハンドルをつかんで、右にドラッグします。シェイプを約 −20° 傾斜させ、[Enter]キー（[Return]キー）を押します。もし警告ダイアログが表示されたら、[OK]をクリックします。

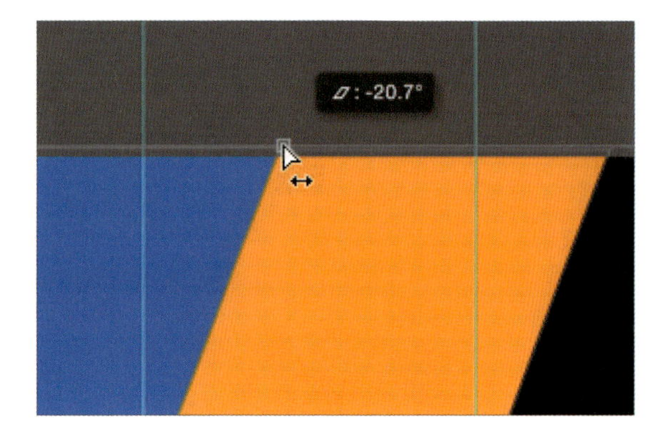

STEP 10 シェイプを傾斜させたことで、カンバスの左上と右下付近に背景のグレーが出てきてしまいました。そこで、ツールボックスから[パス選択ツール]([Shift] + [A]キー)を選択します。

STEP 11 [レイヤー]パネルで緑のシェイプレイヤーを選択したら、次にカンバスのほうでも緑のシェイプをクリックします。シェイプのコントロールハンドルが表示されたら、左上のハンドルをつかんでグレーの領域が隠れるまで左にドラッグします。黒のシェイプレイヤーにも同じ操作を行い、右下のグレーをカバーします。

STEP 12 シェイプが完成したところで、[Ctrl] + [O]キー([Command] + [O]キー)を押して、工業製品の画像(Adobe Stock「#69074483」または演習用ファイル「3_Color Blending.jpg」)を開きます。ここでは、ヘッドフォンの模擬広告を作成するのにぴったりの画像を選びました。まずは、ヘッドフォンを背景から抽出する必要があります。ツールボックスから[自動選択ツール]([Shift] + [W]キー)を選択して、ヘッドフォンの周囲と中央の白い領域を選択します([Shift]+ クリックで複数箇所を同時に選択できます)。

選択が完了したら、[選択範囲]メニュー>[選択範囲を反転]を選択して(または[Ctrl] + [Shift] + [I]キー([Command] + [Shift] + [I]キー))、ヘッドフォンを選択します(影の部分はこの後処理します)。

STEP 13 オプションバーにある[選択とマスク]ボタンをクリックします。[境界線調整ブラシツール]を使用して、ヘッドフォンの影の領域を適当に薄くします。調整が完了したら、[出力先]ポップアップメニューを[新規レイヤー]に設定し、[OK]をクリックします。

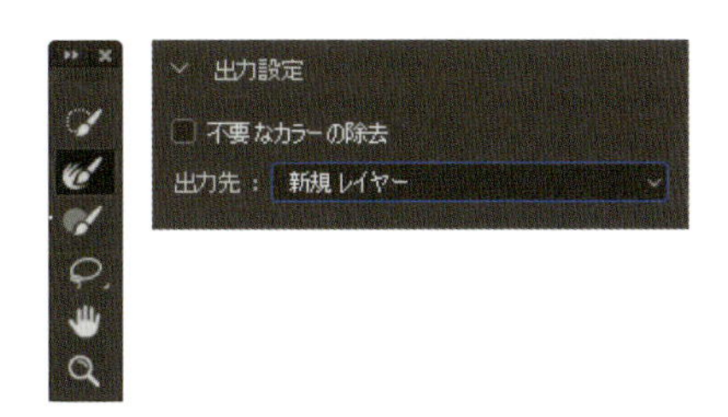

©ADOBE STOCK/DESTINA

STEP 14 [レイヤー]メニュー>[マッティング]>[フリンジ削除]を選択して、ダイアログで[幅]を2pxに設定し、[OK]をクリックします。これにより、エッジ周囲のアンチエイリアスのノイズがクリーンアップされます。

STEP 15 ヘッドフォン自体のカラーは必要ないため、[Ctrl] + [Shift] + [U]キー([Command] + [Shift] + [U]キー)を押して彩度を下げます。

ヒント：この方法は、グラデーションマップを使った手法よりもコントラストがややソフトになります。

STEP 16 このヘッドフォンの画像を、先ほど作成したカラーバーのドキュメントにコピーします。このレイヤーが一番上に来ていない場合は、手動で一番上まで移動します。[自由変形]を使って、図のように左3つのカラーバーにかかるようにスケールおよび配置します。配置が完了したら、編集を確定します。

STEP 17 このレイヤーの描画モードを[差の絶対値]に設定し、レイヤーの[不透明度]を75%に下げます。まるで魔法のように、カラー効果が現れます。

STEP 18 再度ヘッドフォンのドキュメントに戻り、もう1回メインドキュメントにコピーを持っていきます。先ほどと同じように[自由変形]を使用して、今度は一番右の黒の領域に収まるように縮小します。さらに、[自由変形]をアクティブにしたまま画像を右クリックして、[水平方向に反転]を選択します。黒の境界ラインの角度に合わせて、反時計回りに少しだけ回転させます。作業が完了したら、[Enter]キー([Return]キー)で確定します。

STEP 19 [Ctrl] + [L]キー（[Command] + [L]キー）を押して[レベル補正]を調整します。ここでは右図のようにハイライトスライダを230、中間調スライダを0.60、シャドウスライダを59に設定して、黒い背景に対して画像のコントラストを高めました。

最後に、テキストまたはロゴなどを追加して完成です。私は Futura Light フォントを使用して、以下の最終イメージのように仕上げました。

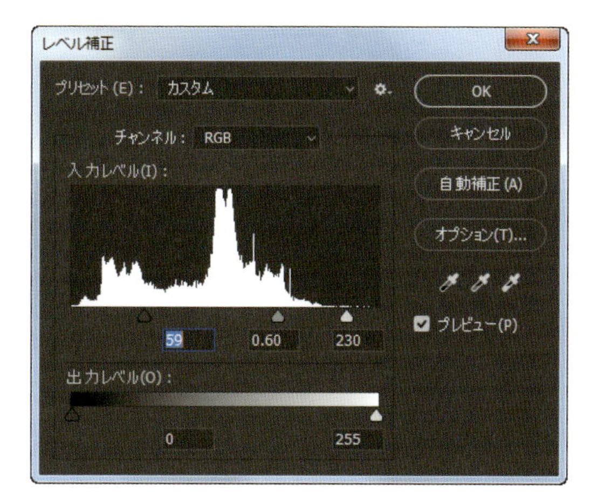

最終結果

7-4 写真を使用したカラーペイントエフェクト

私は Photoshop のブラシが大好きです！　デザイナーの最高の武器となり、実にさまざまな用途に活用できます。ここでは、ダンサーの写真をブラシとして定義し、そのブラシ機能を使用して面白いカラーブレンド効果を作成します。

STEP 01 まずは、今回使用する被写体写真（Adobe Stock「#60926804」または演習用ファイル「4_PaintedColor1.jpg」）を開きます。ご自身で用意された写真でも問題ありませんが、今回は背景が白の写真を選んでください。ちょうど良い写真がない場合は、被写体を抽出して白い背景に合成する必要があります。ここでは、空中で格好良くポーズをきめたダンサーの写真を選びました。

STEP 02 [D]キーを押して描画色と背景色をデフォルトの設定にしたら、[イメージ]メニュー>[色調補正]>[グラデーションマップ]を選択し、ダイアログで[OK]をクリックします。

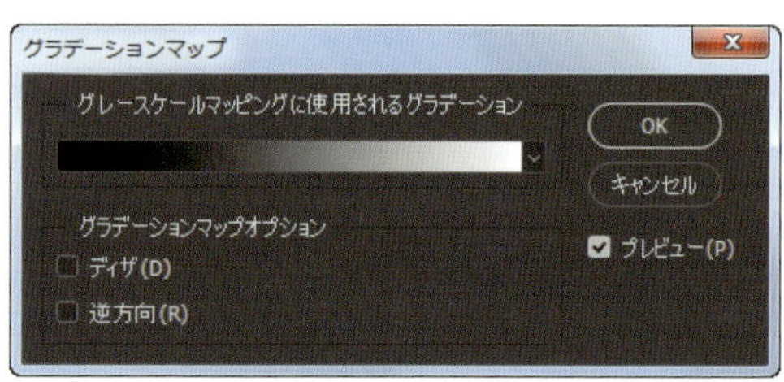

STEP 03 [編集]メニュー>[ブラシを定義]を選択し、この画像をブラシとして定義します。

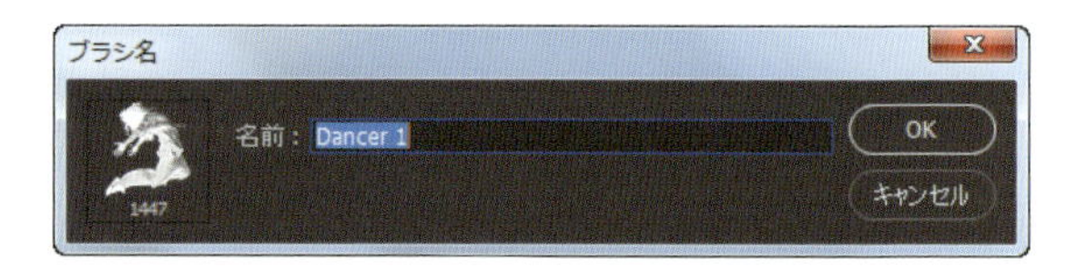

STEP 04 ツールボックスから[ブラシツール]（[B]キー）を選択し、オプションバーのブラシサムネールをクリックしてブラシピッカーを開き、先ほど作成したブラシを選択します。次に、[ブラシ]パネル（[ウィンドウ]>[ブラシ]）を開き、左のリストから[ブラシ先端のシェイプ]セクションに移動し、ブラシの[間隔]を150%に設定します。

注意：[直径]は使用するカンバスの解像度などによっても変わってくるので、状況に応じて適宜設定してください。

STEP 05 続けて[シェイプ]セクションに移動し、[サイズのジッター]を75%、[角度のジッター]を100%に設定します。

STEP 06 [その他]セクションに移動し、[不透明度のジッター]を50%に設定します。

STEP 07 最後に[カラー]セクションに移動し、[色相のジッター]と[HSB]を100%に設定します。

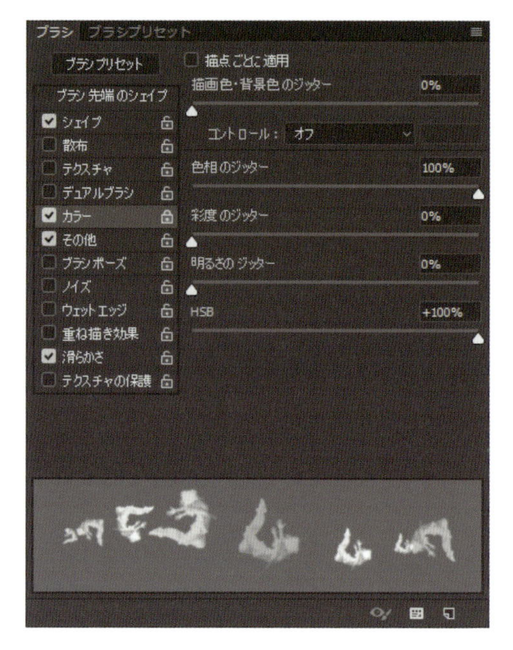

ヒント：このエフェクトの仕組みを理解できたら、より低い設定も試してみると良いです。

STEP 08 作成したブラシを使い、デザインとして仕上げていきましょう。カンバスとなるテクスチャ画像（演習用ファイル「4_PaintedColor2.jpg」）を開きます。ここでは羊皮紙風のテクスチャを使用していますが、Adobe Stock などで探してきたお好みのテクスチャを使用しても構いません。新規レイヤーを作成し、描画色を白黒以外の適当な色に設定します（**注**：［色相のジッター］は白または黒では動作しません）。

STEP 09 それではペイントを開始しましょう。ここでは、中央辺りから外側に向かってらせん状にペイントしました。クリックするたびに違うカラー配列と分布になるので、好みの外観になるまで何度も試してみてください。途中でサイズを変更すると、よりランダム感が増します。

最後に、レイヤーの描画モードを［乗算］に設定し、下のテクスチャとブレンドします。お好みでテキストを追加してみても良いかもしれません。

最終結果

7-5 映画のようなカラー合成エフェクト

ハリウッドスタイルのエフェクトも忘れてはいけません。ここでは、ハリウッド映画のポスターなどでよく目にするテクニックを紹介します。シーンを単彩の背景と合成することで、カラーがメインの被写体により多くの注目が集まるようにします。要するに、色で注意を引き付けるということです。

©ADOBE STOCK/FILIN28

STEP 01 まずは、今回使用する被写体写真（Adobe Stock「#91948129」または演習用ファイル「5_CinematicColor1.jpg」）を開きます。今回はハリウッドらしく、戦士のコスチュームを身に着けた女性のショットを選びました。白の背景で撮影されているため、簡単に被写体を抽出することができます。[自動選択ツール]（[Shift] + [W]キー）を選択し、オプションバーで[許容値]を32に設定して、背景の白をクリックします。足は最終結果に表示されないのであまり心配する必要はありませんが、斧の柄と首周辺にある囲まれた背景領域は必ず選択するようにしてください。

STEP 02 選択が完了したら、[Ctrl] + [Shift] + [I]キー（[Command] + [Shift] + [I]キー）を押して、選択範囲を反転します。次に、オプションバーで[選択とマスク]ボタンをクリックし、[境界線調整ブラシツール]を使って、彼女の髪の毛や他のソフトエッジ領域をペイントして調整します。さらに[エッジの検出]の[半径]を1px程度に設定し、[出力先]メニューを[新規レイヤー]に設定して、[OK]をクリックします。

STEP 03 [Ctrl] + [N]キー（[Command] + [N]キー）を押して、[幅]1350px、[高さ]2000px、[カンバスカラー]が白の新規ドキュメントを作成します。

STEP 04 被写体のドキュメントに戻り、抽出後の被写体レイヤーを新規ドキュメントにコピーします。[自由変形]を使用して、図のように被写体をスケールおよび回転します。作業が終わったら[Enter]キー([Return]キー)で確定します。

STEP 05 次に背景要素として、冬の森のシーン(Adobe Stock「#74689373」または演習用ファイル「5_CinematicColor2.jpg」)を開きます。見てのとおりオリジナルはカラー画像ですが、今回の用途としては単彩でよいため、[Ctrl] + [Shift] + [U]キー ([Command] + [Shift] + [U]キー)を押して、画像の彩度を下げます。

©ADOBE STOCK/LEONID TIT

STEP 06 この画像をメインドキュメントにコピーし、[レイヤー]パネルで被写体レイヤーの下に移動します。[自由変形]で画像サイズを変更し、被写体と同じような角度に傾けます。さらに、左右の中央にあるコントロールハンドルをつかんで、画像が構図にフィットするよう少し縦に潰します。作業が終わったら[Enter]キー([Return]キー)で編集を確定し、レイヤーの[不透明度]を90%程度に下げます。

STEP 07 [レイヤー]パネル下部の調整レイヤー作成アイコンから[レベル補正]を選択します。図のように、[属性]パネルのヒストグラムで中間調スライダを2.31、ハイライトスライダを253に設定します。さらに、シャドウの[出力レベル]スライダを22に設定して、背景を明るくします。

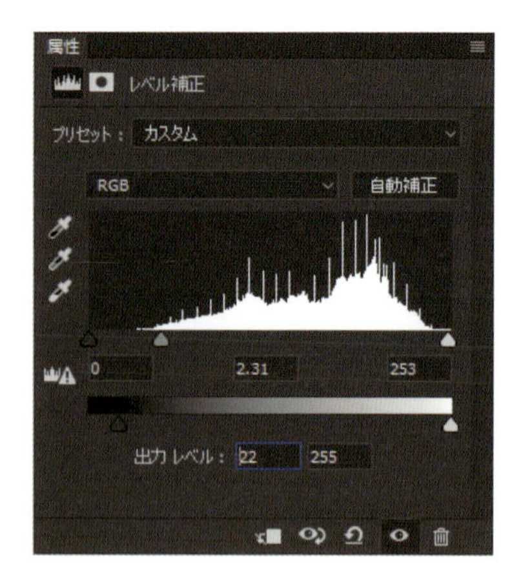

STEP 08 この調整レイヤーの下(森のレイヤーの上)に、新規レイヤーを作成します。[D]キーを押して描画色を黒に設定し、ツールボックスから[グラデーションツール]([G]キー)を選択します。オプションバーでグラデーションプリセットを[描画色から透明に]に設定し、[線形グラデーション]アイコンをクリックします。黒から透明になるシンプルな線形グラデーションを、画像の下部から上へ向かってドラッグして追加します。

STEP 09 [レイヤー]パネルで[レベル補正]調整レイヤーを選択した状態で、今度は[色相・彩度]調整レイヤーを追加します。[属性]パネルで[色彩の統一]チェックボックスをオンにして、[色相]を204、[彩度]を30に設定します。これにより、背景が単彩のブルーになると同時に明るくなります。背景を単色へと視覚的に弱めたことで、被写体に注意を引き付けられるようになりました。しかし、被写体をシーンにもう少し馴染ませる必要があります。

STEP 10 [Alt]キー（[Option]キー）を押しながら[イメージ]メニュー＞[複製]を選択して、ファイルのインスタントコピーを作成します。被写体レイヤーのすぐ下に新規レイヤーを作成します。[Shift] + [Backspace]キー（[Shift] + [Delete]キー）を押して[塗りつぶし]ダイアログを開き、[内容]を[50% グレー]に設定して、[OK]をクリックします。次に、[レイヤー]メニュー＞[画像を統合]を選択します。グレーの背景に被写体のみが表示されているはずです。

STEP 11 [イメージ]メニュー＞[色調補正]＞[HDRトーン]を選択します。まずは[彩度]を−100%に設定します。これにより、コントラストが高まり迫力が出ます。次に、[エッジの光彩]セクションで[半径]を36px、[強さ]を0.63、[トーンとディテール]セクションで[露光量]を−0.68、[ディテール]を149%に設定し、[OK]をクリックします。

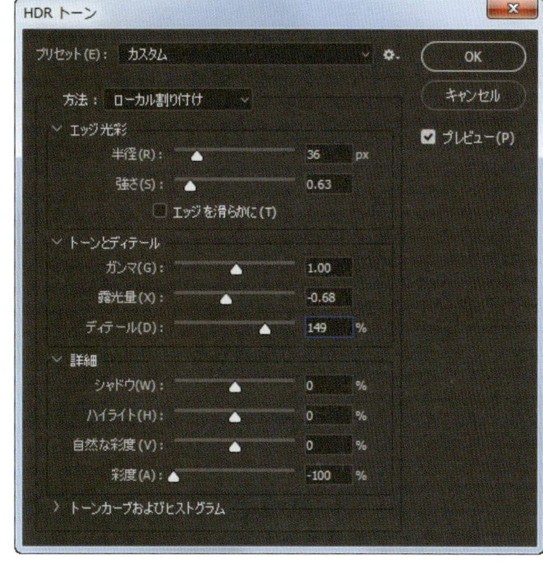

STEP 12 ここで作成したHDRトーンのレイヤーを元のドキュメントにコピーします。その際、[Shift]キーを押しながら持っていくと、元の位置と同じ場所に配置されます。[レイヤー]パネルで、このレイヤーを元の被写体レイヤーの上に移動したあと、[Ctrl] + [Alt] + [G]キー（[Command] + [Option] + [G]キー）を押してクリッピングマスクを作成します。レイヤーの描画モードを[乗算]に設定し、[不透明度]を約75%に下げます。

STEP 13 [Ctrl] + [U]キー（[Command] + [U]キー）を押して、[色相・彩度]ダイアログを開きます。[色彩の統一]チェックボックスをオンにして、[色相]を221、[彩度]を45、[明度]を21に設定します。これにより、HDRに青かぶりが適用され、いい感じのオーバーレイとなり、被写体周囲の冷たげな雰囲気と合うようになります。被写体もより背景と馴染んでいます。作業が完了したら、[OK]をクリックします。

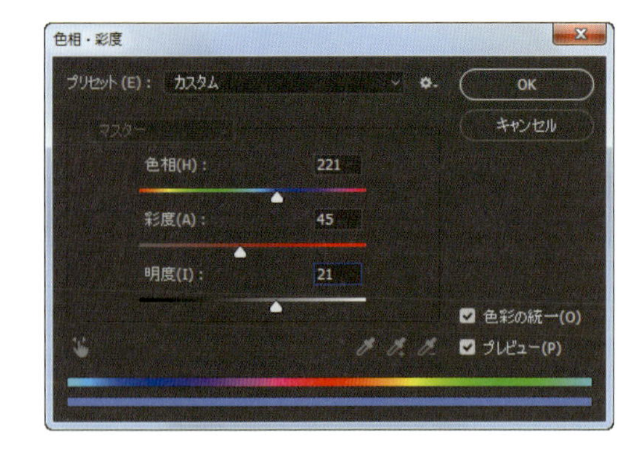

STEP 14 今度は元の被写体レイヤーを選択し、[Ctrl] + [U]キー（[Command] + [U]キー）を押して再度[色相・彩度]ダイアログを開きます。今回は被写体の暖かみを減らすために、[彩度]を−15に下げて[OK]をクリックします。

STEP 15 [レイヤー]パネルの一番上に新規レイヤーを追加し、先ほどと同じ設定の[グラデーションツール]を選択します。[Alt]キー（[Option]キー）を押しながら背景のダークブルーの部分をクリックしてサンプリングし、この色を描画色に設定します。うまく色がとれない場合は、一度[スポイトツール]を選択してオプションバーで[サンプル]が[すべてのレイヤー]に設定されていることを確認してください。描画色を設定できたら、先ほどと同じように下部から上へ向かってフェードするグラデーションを追加します。

STEP 16 新規レイヤーをもう1つ追加し、[D]キー→[X]キーの順に押して、描画色を白に設定します。オプションバーで[円形グラデーション]アイコンをクリックし、左上のコーナーに白い円形グラデーションを追加して光のフレア効果を加えます。ポイントは、フレアが被写体に少し重なるようにしてよりシーンに馴染ませまることです。

STEP 17 森のレイヤーを選択してから、[フィルター]メニュー＞[ぼかし]＞[ぼかし(ガウス)]を選択します。[半径]を約2pxに設定し、[OK]をクリックします。これで微妙な奥行き感が生まれます。

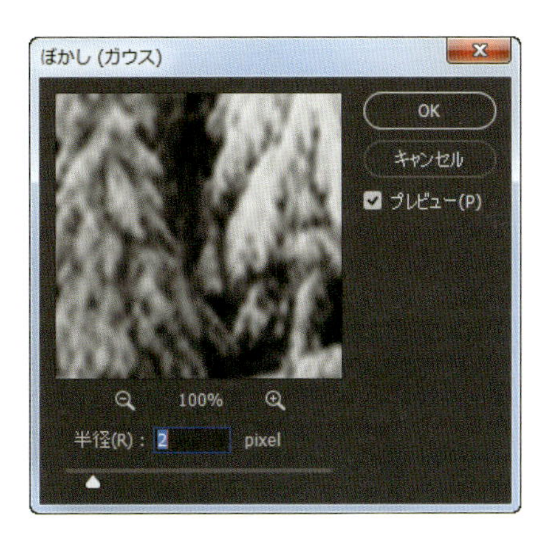

私は最後に、Chapter 5で作成した簡単な雪のエフェクトを追加してさらに雰囲気を出しました。最終イメージは以下のとおりです。

最終結果

CHAPTER
EIGHT

ハリウッド風のデザイン

本書にハリウッドスタイルの効果が含まれていることに驚いていますか？　私はエンターテインメントのデザインに大きな影響を受け、そのデザインから多くのインスピレーションを得ています。ハリウッドスタイルのデザインに触れる機会があまりない方も多いかもしれませんが、そういった方にもここでの演習は、デザインの幅を広げるいい機会になるかと思います。是非、ご自身の作品に取り入れてみてください。

8

8-1 シルエットデザイン要素

このエフェクトは、映画広告や製品広告にかなり頻繁に使用されます。被写体の形状を使用してシルエットフレームを作り、その内部や周囲に合成要素を追加します。非常に印象的なルックを作成できるため、さまざまな用途に使用できます。このテクニックをマスターして、他の形状でも試してみましょう。

©ADOBE STOCK/FRANCK CAMHI-VISION

STEP 01 まずは被写体の画像（Adobe Stock「#59442262」または演習用ファイル「1_SilhouetteDesign1.jpg」）を開きます。ここでは手早く抽出を行えるように単色の背景（できれば白）の被写体を使用するのがベストです。私はアクション映画からそのまま抜け出したようなポーズの被写体画像（背景は白）を選びました。

STEP 02 [チャンネル]パネル（[ウィンドウ]>[チャンネル]）を開き、[Ctrl]キー（[Command]キー）を押しながら[RGB]サムネールをクリックして、明るい領域を選択範囲として読み込みます。背景領域を選択できたら、（[Ctrl] + [Shift] + [I]キー [Command] + [Shift] + [I]キー）を押して選択範囲を反転し、[Ctrl] + [J]キー（[Command] + [J]キー）で新規レイヤーにペーストします。最後に、[背景]レイヤーを非表示にしておきます。

STEP 03 被写体の一部が若干透けているため、透明な領域がなくなるまで[Ctrl] + [J]キー（[Command] + [J]キー）を繰り返します（ここでは４回ほど押しました）。次に、[Shift]キーを押しながら[レイヤー 1]をクリックして、[背景]レイヤー以外のすべてのレイヤーを選択し、[Ctrl] + [E]キー（[Command] + [E]キー）で１つのレイヤーに結合します。[レイヤー]メニュー>[マッティング]>[フリンジ削除]を選択し、[幅]を2pxに設定して[OK]をクリックします。

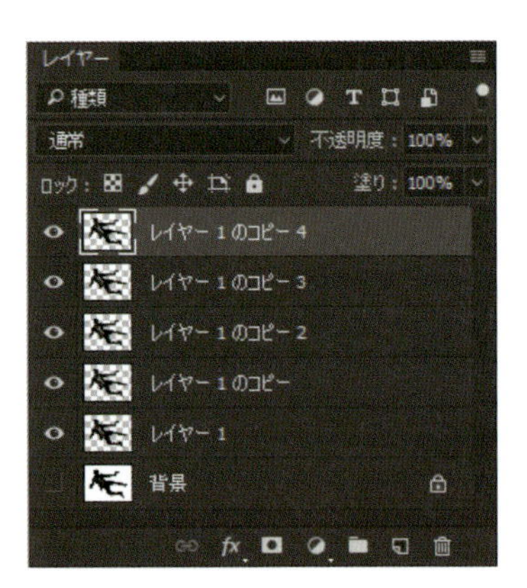

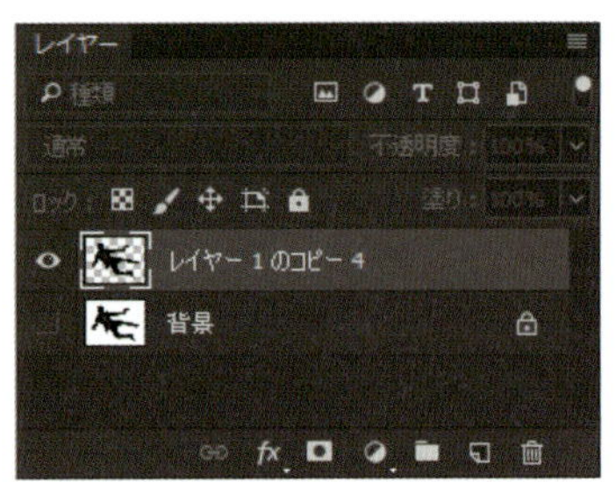

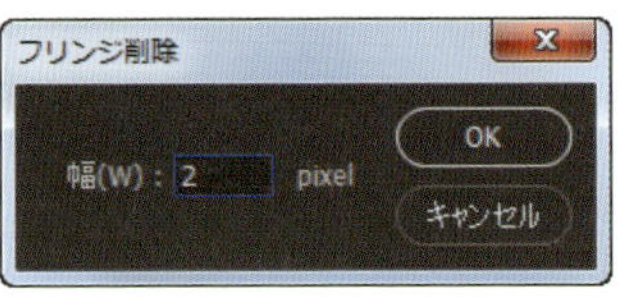

STEP 04 [Ctrl] + [N]キー（[Command] + [N]キー）を押して、[幅]1400px、[高さ]2000px、[カンバスカラー]が白の新規ドキュメントを作成します。抽出した被写体をこの新しいドキュメントにコピーします。[自由変形]を使って被写体をスケールし、構図を意識して回転および配置します。ここでは、彼の右膝から頭部まで、縦の空間を意識しています。[自由変形]での作業が完了したら、[Enter]キー（[Return]キー）で編集を確定します。

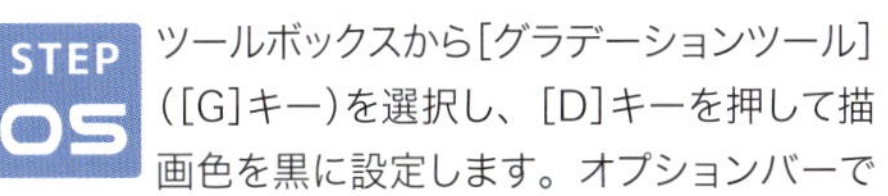

STEP 05 ツールボックスから[グラデーションツール]([G]キー)を選択し、[D]キーを押して描画色を黒に設定します。オプションバーでグラデーションプリセットを[描画色から透明に]に設定して、[OK]をクリックします。続けて、グラデーションサムネールの右側にある[円形グラデーション]アイコンをクリックし、ツールの[モード]を[オーバーレイ]に設定します。[レイヤー]パネルで[透明ピクセルをロック]アイコン(一番左の市松模様のアイコン)をクリックして、レイヤーの透明度をロックします。その後、主に腰から下の領域をクリック&ドラッグして、右図のようにディテールを消します。

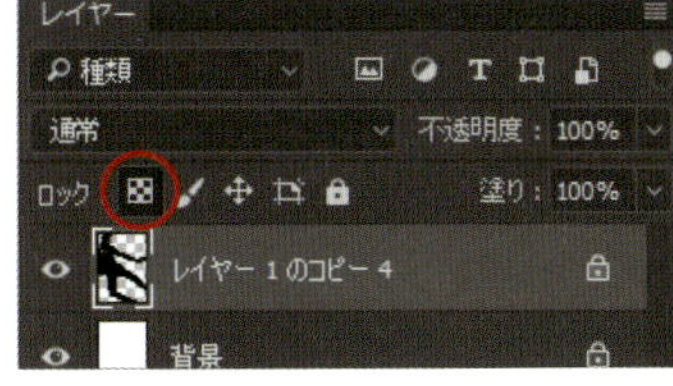

STEP 06 マスク用の素材（Adobe Stock「#45630642」または演習用ファイル「1_SilhouetteDesign2.jpg」）を開きます。ここでは、私が普段からよく使用している素晴らしい上海のショットを選びました。このレイヤーをメインドキュメントにコピーします。次に、[Ctrl] + [Alt] + [G]キー（[Command] + [Option] + [G]キー）を押してクリッピングマスクを作成します。[自由変形]を使用して、一番手前のメインのタワーが、Step 4で説明した被写体の領域内に入るようにレイヤーをスケールおよび配置します。

STEP 07 [Ctrl] + [Shift] + [U]キー（[Command] + [Shift] + [U]キー）を押して画像の彩度を下げ、[Ctrl] + [I]キー（[Command] + [I]キー）で階調を反転します。

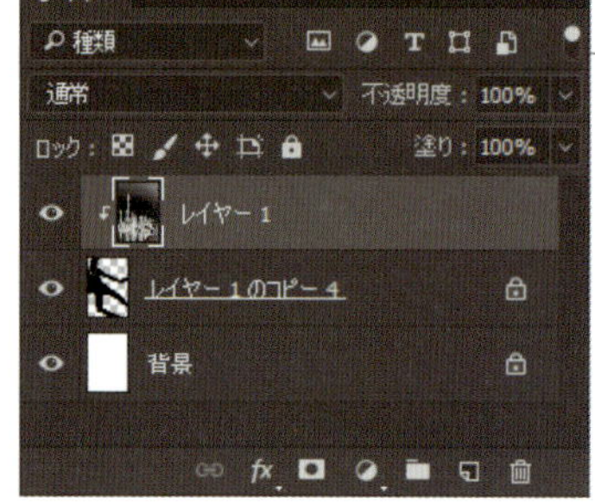

STEP 08 [レイヤー]パネル下部の[塗りつぶしまたは調整レイヤーを新規作成]アイコンをクリックして、[色相・彩度]を選択します。この調整レイヤーが[レイヤー]パネルの一番上にあることを確認し、[属性]パネルで[色彩の統一]チェックボックスをオンにして、[色相]を201、[彩度]を42程度に設定します。

STEP 09 先ほど階調を反転した街のレイヤーを選択し、レイヤーの[不透明度]を50%程度に下げます。パネル下部の[レイヤーマスクを追加]アイコンをクリックして、[グラデーションツール]を再度選択し、[モード]を[通常]に戻します(他の設定はそのままにしておきます)。この設定で、被写体の顔や胴体上部の領域にグラデーションをペイントして、コントラストを加えます。

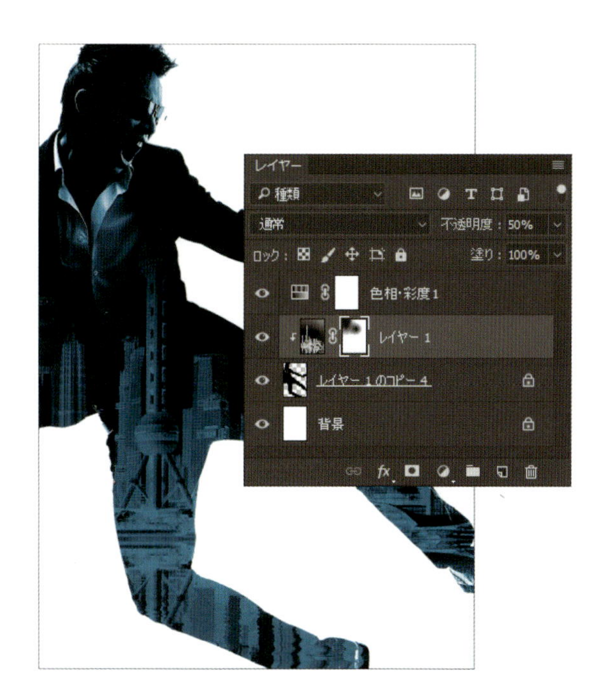

STEP 10 [Ctrl] + [J]キー([Command] + [J]キー)を押して街のレイヤーをレイヤーマスク付きで複製し、メインの被写体レイヤーの下に移動します。画像のサムネールが選択されていることを確認したら、[Ctrl] + [I]キー([Command] + [I]キー)で街の画像を再度反転して通常に戻し、レイヤーの[不透明度]を25%に下げます。これにより、[色相・彩度]調整レイヤーからカラーが拾われます。

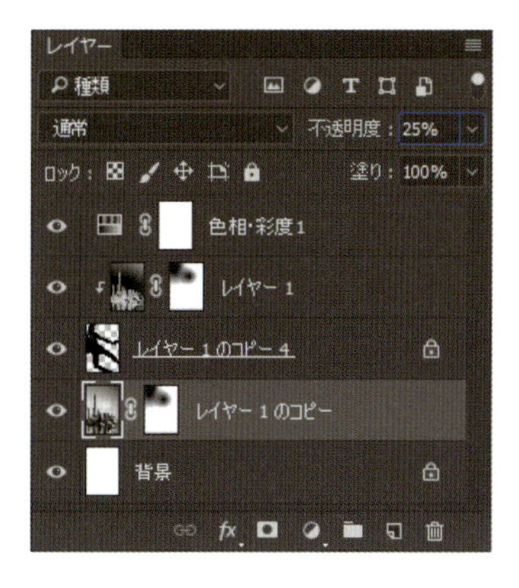

STEP 11 Chapter 3「3-3 手軽なHUD要素」でパターンに定義したHUDグラフィック要素を覚えているでしょうか？　この後それを追加していきます。まずは前段階として新規レイヤーを作成し、[レイヤー]パネルの一番上にある[色相・彩度]調整レイヤーの下に移動します。[Shift] + [Backspace]キー（[Shift] + [Delete]キー）を押して[塗りつぶし]ダイアログを開き、[内容]を[50% グレー]に設定して[OK]をクリックします。

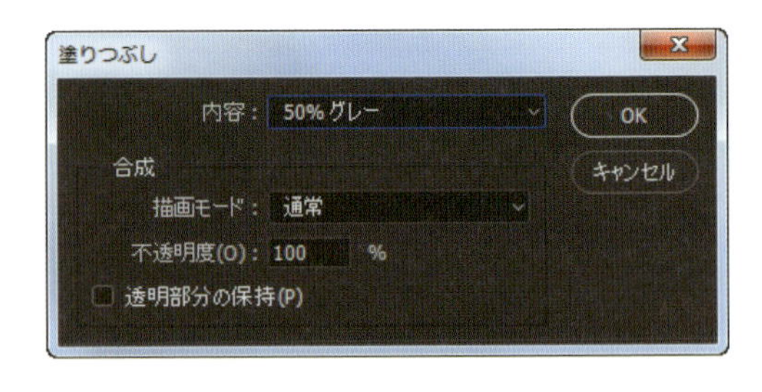

STEP 12 次に、このレイヤーに[パターンオーバーレイ]レイヤースタイルを追加します。[パターン]サムネールをクリックしてHUDグラフィックパターンを見つけ、[描画モード]を[差の絶対値]に設定して、グラフィックを手動で配置します(右の図では[比率]を100%に設定していますが、この数値はドキュメントやパターンの解像度によっても変わってくるので、各自の画像と下の図を見比べながら適宜調整してください)。続けて、左側の[レイヤー効果]セクションに移動して、[不透明度]を25%程度に設定し、[塗りの不透明度]を0%に下げます。HUD要素と画像を上手くブレンドできたら、[OK]をクリックします。

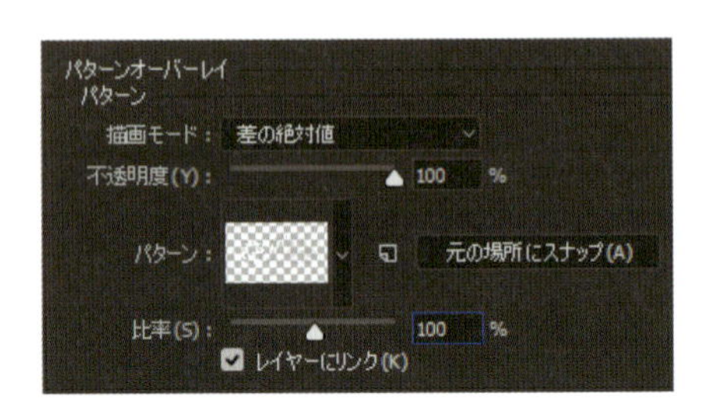

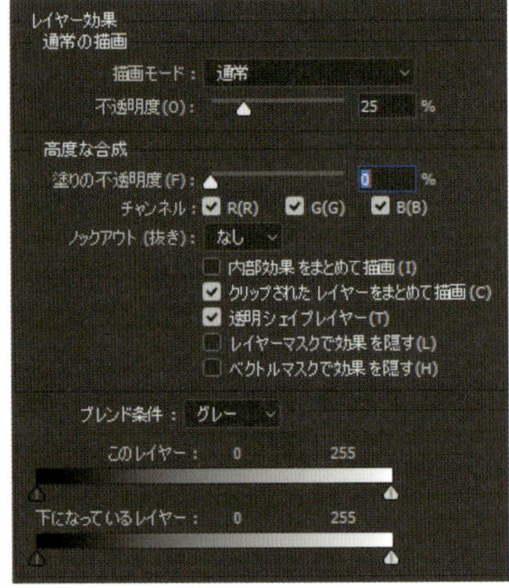

STEP 13 最後に、このレイヤーにレイヤーマスクを追加します。そして再度円形の[グラデーションツール]を使用して、フェードが必要な領域（被写体の上半身や手、その他強調したい領域）にいくつかグラデーションフェードを追加します。その後、テキストを追加して（私は、Eurostile Bold Extended 2 フォントを使用しました）、ちょっとしたフレアの魔法をかけたら完成です（Chapter 6 を参照）。私が作成した最終イメージは以下のとおりです。

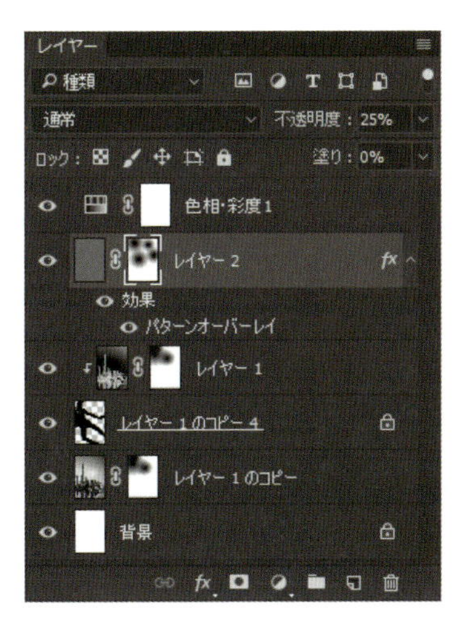

最終結果

8-2 グランジスタイルエフェクト

この効果はコマーシャルの章でも扱える内容でしたが、ハリウッド効果としても非常に有効なので、今回はこちらで紹介することにしました。携帯電話で撮影したシンプルな素材を使って、壁に飾られるポスターのような外観にすることができます。

STEP 01 まずは被写体の写真（Adobe Stock「#82163169」または演習用ファイル「2_GrungeStyle1.jpg」）を開きます。ここでは、ジャンプ中のバイカーを素晴らしいタイミングで撮影したショットを選びました。背景は十分に淡いので、被写体の適切な選択範囲が得られます。[チャンネル]パネルを開き、バイカーと背景のコントラストが最も高い[ブルー]チャンネルをクリックします。このチャンネルのサムネールをつかみ、パネル下部にある[新規チャンネルを作成]アイコンにドラッグして、複製を作成します。

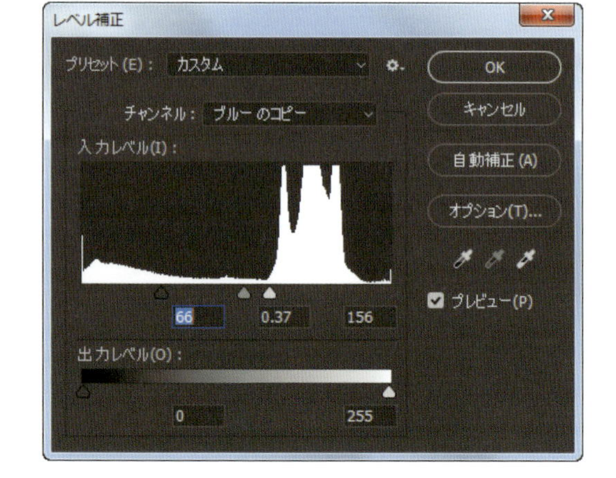

STEP 02 複製したチャンネルを選択し、[Ctrl] + [L]キー（[Command] + [L]キー）を押して[レベル補正]を開きます。チャンネルの全体的なコントラストを高めるため、[入力レベル]の各スライダを調整します。ここでは、ハイライトスライダを156、中間調スライダを0.37、シャドウスライダを66に設定しました。作業が終わったら[OK]をクリックします。

ヒント：場合によっては、[オプション]ボタンの下に並んでいるスポイトの使用も有効です。

STEP 03 [Ctrl] + [I]キー（[Command] + [I]キー）を押して階調を反転し、被写体を白くします（ここでは完全な選択範囲は必要ないため、まだ黒の領域が残っていても構いません）。

STEP 04 [Ctrl]キー（[Command]キー）を押しながら[ブルーのコピー]チャンネルのサムネールをクリックし、選択範囲として読み込みます。[RGB]チャンネルをクリックして表示を元に戻したら、[Ctrl] + [J]キー（[Command] + [J]キー）を押して、新規レイヤーに選択範囲をペーストします。

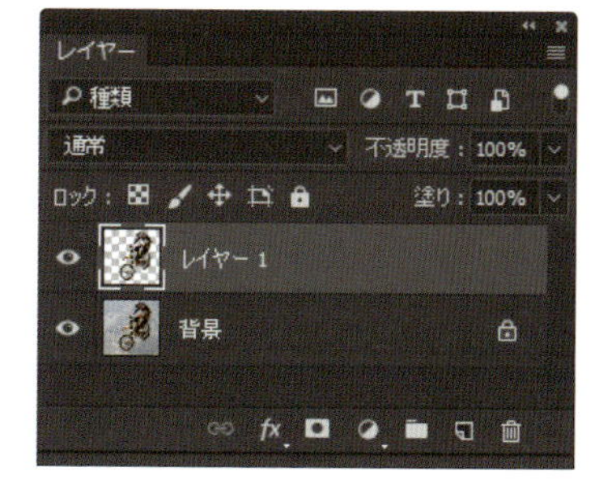

STEP 05 [Ctrl] + [N]キー（[Command] + [N]キー）を押して、[幅]1500px、[高さ]2000px、[カンバスカラー]が白の新規ドキュメントを作成します（これがメインドキュメントとなります）。

さらに、[Ctrl] + [O]キー（[Command] + [O]キー）を押して、背景のテクスチャ画像（演習用ファイル「2_GrungeStyle2.jpg」）を開きます。ここで使用しているのは、コンクリートのようなディテールを持った明るめのテクスチャです（別のテクスチャを使用する場合には注意してください）。

このテクスチャを先ほど作成したメインドキュメントにコピーします。コピーができたら、[自由変形]を使ってカンバスのサイズに合うようにスケーリングします。

©PHOTOART TEXTURES

STEP 06 被写体のドキュメントに戻り、[背景]レイヤーと抽出した被写体レイヤーの2つを選択し、メインドキュメントにコピーします。さらに、両方のレイヤーを選択したまま[Ctrl] + [T]キー（[Command] + [T]キー）を押して、[自由変形]をアクティブにします。[Shift]キーを押しながらコントロールハンドルを操作して、スケーリングおよび配置を行います（被写体を少し傾けることでより躍動感が生まれます）。配置が終わったら、[Enter]キー（[Return]キー）で編集を確定します。

6 光を使ったデザイン
7 色を使ったデザイン
8 ハリウッド風のデザイン
9 3D効果を使ったデザイン

STEP 07 抽出した被写体レイヤー（一番上にあるはずです）を非表示にします。次に、元の背景付きの被写体レイヤーを選択して、描画モードを[焼き込み(リニア)]に設定し、[不透明度]を80%に下げます。次に、[Alt]キー([Option]キー)を押しながら[レイヤー]パネル下部の[レイヤーマスクを追加]アイコンをクリックして、黒のレイヤーマスクを追加します([レイヤー]メニュー>[レイヤーマスク]>[すべての領域を隠す]の操作でも同じように作成できます)。

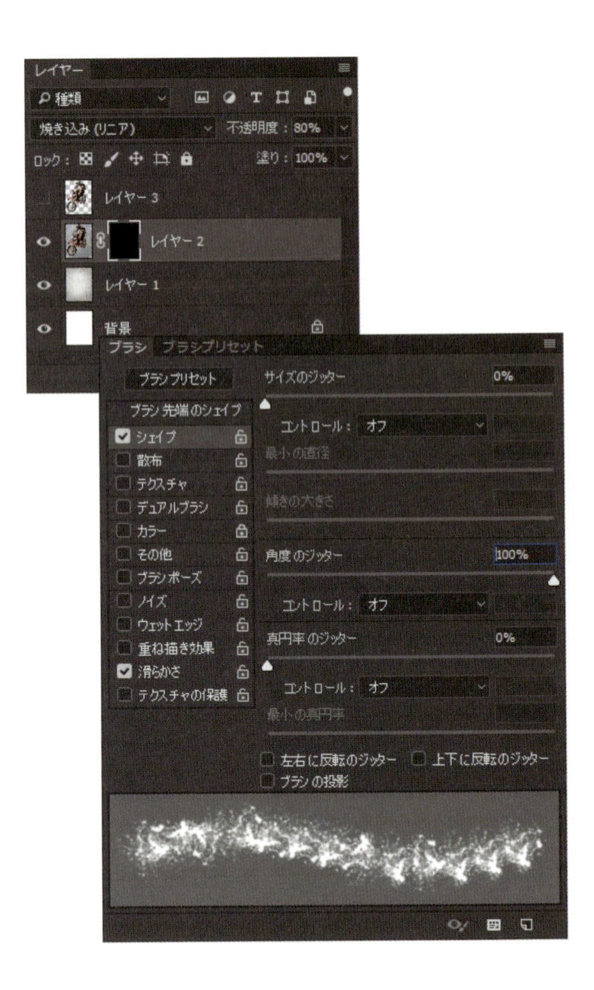

STEP 08 ここからブラシを使用していきます(ブラシファイルは演習用フォルダに用意されています)。まずは[ブラシツール]([B]キー)を選択し、オプションバーのブラシサムネールをクリックしてブラシピッカーを開きます。右上の歯車アイコンをクリックして[ブラシファイルの読み込み]を選択し、Chapter 8 の演習用フォルダから「2_Spatter Brush.abr」を選択して[開く]をクリックします。ブラシピッカー内のリストから、読み込んだブラシを選択し[ブラシ]パネル([ウィンドウ]>[ブラシ])を開きます。[ブラシ先端のシェイプ]で[直径]を約 1400px、[間隔]を 50%に設定します。次に[シェイプ]セクションに移動し、[角度のジッター]を 100%に設定します。

STEP 09 レイヤーマスクを選択したまま、一番上の被写体レイヤーの表示を戻します。[D]キーを押して描画色を白に設定したら、レイヤーマスクをペイントして被写体の周囲にスパッタ(飛び散り模様)を追加します。

STEP 10 ペイントしたスパッタに色を付けましょう。レイヤーマスクに[カラーオーバーレイ]レイヤースタイルを追加します。設定メニューで[描画モード]を[オーバーレイ]、[不透明度]を75%、カラーを青系の色に設定して、[OK]をクリックします。

STEP 11 一番上の被写体レイヤーを選択し、[フィルター]メニュー>[フィルターギャラリー]を選択します。ギャラリーから[アーティスティック]>[エッジのポスタリゼーション]を選択したら、右側の設定項目のスライダをすべて2に設定し、[OK]をクリックします。

ヒント：使用したいフィルターが[フィルターギャラリー]メニュー内に表示されていない場合は、[編集]メニュー（Macの場合はPhotoshopメニュー）>[環境設定]>[プラグイン]をクリックし、[すべてのフィルターギャラリーグループと名前を表示]のチェックボックスをオンにします。

STEP 12 被写体のカラーをよりインパクトのある色に変更しましょう。[Ctrl]＋[U]キー（[Command]＋[U]キー）を押して[色相・彩度]ダイアログを開き、[色相]スライダを動かして被写体のカラー範囲を変更します。ここでは、−35に設定しました。

STEP 13 オプションとして、テクスチャレイヤーに[グラデーションオーバーレイ]レイヤースタイルを追加しても良いです。[描画モード]を[オーバーレイ]、[不透明度]を75%、[スタイル]を[円形]、[比率]を100%程度に設定し、[角度]を少し調整したら、カンバスをドラッグして右下付近に移動します。これにより、微妙なビネット効果（トンネルエフェクト）が加わります。設定が終わったら、[OK]をクリックしてダイアログを閉じます。

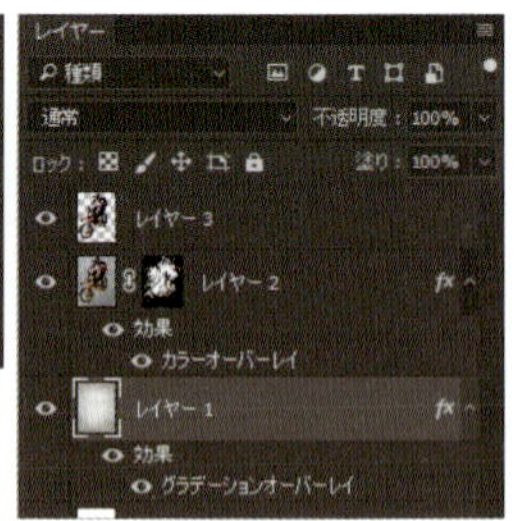

STEP 14 バイクの下にシンプルな青の楕円を追加してみましょう。ツールボックスから[楕円形選択ツール]（[Shift]＋[M]キー）を選択し、タイヤのすぐ下に楕円形の選択範囲を作成します。新規レイヤーを作成し、[Shift]＋[Backspace]キー（[Shift]＋[Delete]キー）を押して[塗りつぶし]ダイアログを開きます。[内容]を[カラー]に設定し、カラーピッカーでダークブルーに設定したら[OK]をクリックしてダイアログを閉じます。[自由変形]を使い、図のようにスケールおよび回転・配置します。[Enter]キー（[Return]キー）で編集を確定したら、レイヤーの[不透明度]を75%に下げ、描画モードを[焼き込み（リニア）]に設定します。最後に[Ctrl]＋[D]キー（[Command]＋[D]キー）を押して選択範囲を解除します。

STEP 15 このレイヤーにレイヤーマスクを追加し、再度[ブラシツール]を選択します。ソフト円ブラシを選択し、描画色を黒に設定したら、楕円の上の方（バイクと重なっている領域）をペイントして隠します。さらに、テクスチャがより透けて見えるように、[レイヤースタイルを追加]アイコンをクリックして[レイヤー効果]を選択します。[Alt]キーを押しながら、[下になっているレイヤー]のグレーと白のスライダをクリックして分割し、それぞれ中央に向かってドラッグします。

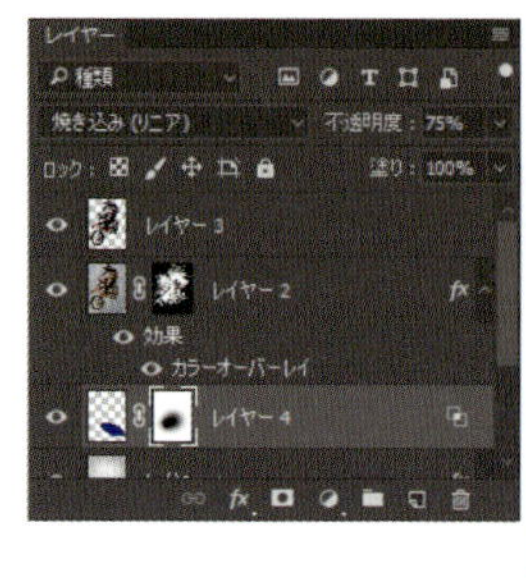

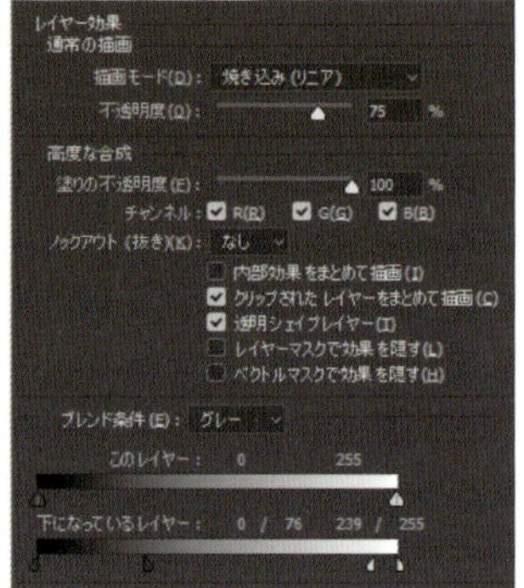

最後に、楕円部分にテキストを追加します。ここでは、Hard Grungeというワイルドなフォントを使い、「The Grind」というテキストを入れました。文字の色は、バイクのピンクの部分からサンプリングし、レイヤーの描画モードを[差の絶対値]に設定しています。さらに、シンプルな[ドロップシャドウ]レイヤースタイルを追加して、より読みやすくしました。お好みで文字にノイズのような効果を追加しても面白いと思います。私が作成した最終イメージは以下のとおりです。

最終結果

8-3 街が見える部屋

ここで紹介するのは、さまざまな映画で数え切れないほど使用されてきたエフェクトです。実際、映画で何度も同じ背景画像が使用されているのを見たこともこともあります。一度作成してしまえば、背景を他のどんな画像にでも簡単に置き換えることができるため、一からやり直す必要がなくなります。

STEP 01 [Ctrl] + [N]キー（[Command] + [N]キー）を押して、[幅]1350px、[高さ]2000pxの新規ドキュメントを作成します。[Shift] + [Backspace]キー（[Shift] + [Delete]キー）を押して[塗りつぶし]ダイアログを開き、[内容]を[50% グレー]に設定して[OK]をクリックします。定規が表示されてない場合は[Ctrl] + [R]キー（[Command] + [R]キー）を押して表示し、垂直ガイドを400pxと950px、水平ガイドを1500pxの位置に配置します。

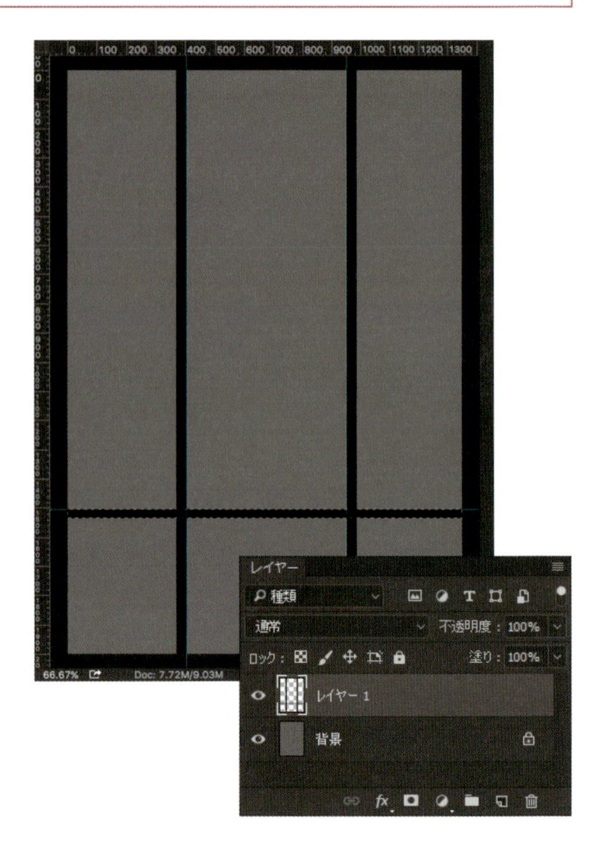

STEP 02 [長方形選択ツール]（[M]キー）を使って、最初の垂直ガイドの左側に幅35px程度の垂直の選択範囲を描きます（ドラッグ時に表示されるツールチップでサイズを確認しましょう）。新規レイヤーを作成し、[D]キーを押して描画色をデフォルトに戻したら、[Alt] + [Backspace]キー（[Option] + [Delete]キー）を押して選択範囲を[描画色]（黒）で塗りつぶします。選択範囲を維持したまま、[Ctrl] + [Alt] + [Shift]キー（[Command] + [Option] + [Shift]キー）を押しながら選択範囲内をクリック&ドラッグして、複製を2番目の垂直ガイドの右側に配置します。最後に、水平ガイドの下部にも同じ太さの選択範囲を作成し、黒で塗りつぶします。図のように作成できたら、[Ctrl] + [D]キー（[Command] + [D]キー）を押して選択を解除します。

STEP 03 [Ctrl] + [O]キー（[Command] + [O]キー）を押して、背景画像（Adobe Stock「#60595305」または演習用ファイル「3_RoomWithCityView1.jpg」）を開きます。ここでは、典型的なニューヨークの景観写真を使用します。この画像をメインドキュメントにコピーして、[レイヤー]パネルで黒い格子レイヤーの下に移動します。次に[自由変形]を使用して画像を拡大し、水平の格子ラインより上の領域で構図を調整します（下にはみ出した部分はこの後の手順で処理するので気にしないでください）。私は中央奥にある高い建物が一番右の窓に来るように配置しました。配置が完了したら[Enter]キー（[Return]キー）で編集を確定して、このレイヤーの[不透明度]を75%に下げます。

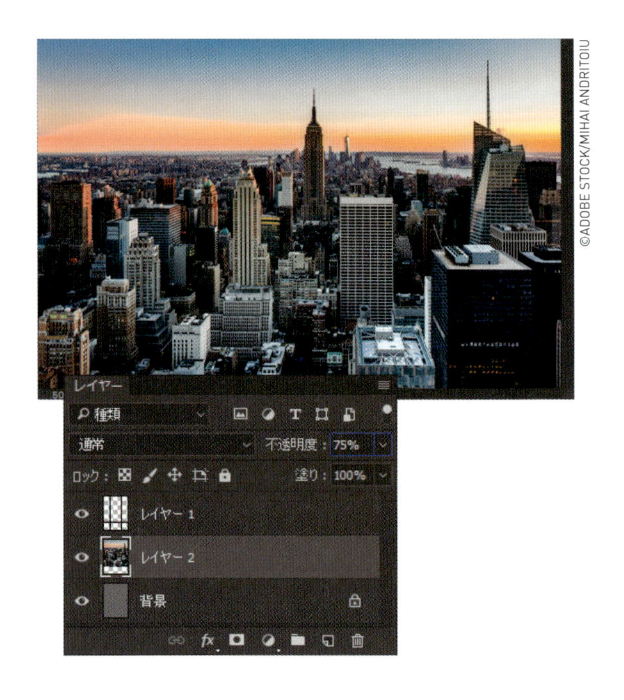

Step 4

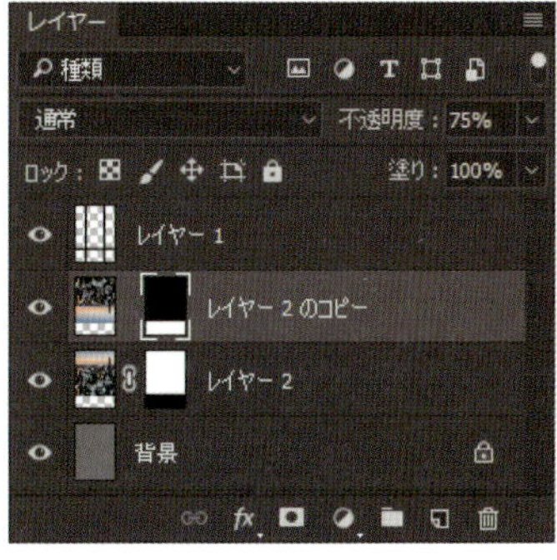

Step 5

STEP 04 水平ラインの下にはみ出した部分を処理しましょう。[長方形選択ツール]を使い、水平ガイドより下の領域全体に長方形の選択範囲を作成します。次に、[Alt]キー([Option]キー)を押しながら[レイヤーマスクを追加]アイコンをクリックして、この部分をマスクで隠します。

STEP 05 [Ctrl] + [J]キー ([Command] + [J]キー)を押して街のレイヤーを複製します。複製したレイヤーで、画像のサムネールとレイヤーマスクの間の鎖のアイコンをクリックして、リンクを解除します。画像のサムネールが選択されていることを確認し、[編集]メニュー>[変形]>[垂直方向に反転]を選択します。次にレイヤーマスクを選択し、[Ctrl] + [I]キー ([Command] + [I]キー)を押して階調を反転します。

STEP 06 このレイヤーの[不透明度]を10%に下げます。もう一度画像のサムネールを選択し、[移動ツール] ([V]キー)を使って、[Shift]キーを押しながら下方向にドラッグします。右図のように、建物の上部が水平ラインから少しはみ出る程度の位置にセットします。

6 光を使ったデザイン
7 色を使ったデザイン
8 ハリウッド風のデザイン
9 3D効果を使ったデザイン

STEP 07 次に、今回使用する被写体写真（Adobe Stock「#65516576」または演習用ファイル「3_RoomWithCityView2.jpg」）を開きます。ここではあらかじめ、姿勢や視点、ライティングなどがシーンに合いそうな写真を選びました。背景が純粋な白なので、[自動選択ツール]（[Shift] + [W]キー）を使って簡単に抽出していきましょう。オプションバーで[許容値]を 10 に設定し、背景をクリックして選択します。指で囲まれた部分も忘れずに選択範囲に含めます（[Shift]+クリックで選択範囲に追加できます）。[Ctrl] + [Shift] + [I]キー（[Command] + [Shift] + [I]キー）を押して選択範囲を反転し、[Ctrl] + [J]キー（[Command] + [J]キー）で新規レイヤーにペーストします。

STEP 08 抽出が完了したら、メインドキュメントの一番上にコピーします。[自由変形]を使用して、シーンに合うように被写体をスケールおよび配置します（スケールの際は縦横比を変えないように注意してください）。作業が終わったら、[Enter]キー（[Return]キー）を押して編集を確定します。被写体のエッジに残っているフリンジを取り除くため、[レイヤー]メニュー>[マッティング]>[フリンジ削除]を選択し、[幅]を約2pxに設定して[OK]をクリックします。

STEP 09 [Ctrl] + [J]キー（[Command] + [J]キー）を押して被写体レイヤーを複製し、[レイヤー]パネルで元の被写体レイヤーの下に移動します。[編集]メニュー>[変形]>[垂直方向に反転]を選択します。[Shift]キーを押しながらこの複製を下方向にドラッグし、床への映り込みに見える位置にセットします。

次に、この複製レイヤーにレイヤーマスクを追加して、[グラデーションツール]（[G]キー）を選択します。オプションバーでグラデーションプリセットを[描画色から透明に]に設定し、グラデーションの種類を[線形グラデーション]、[不透明度]を 75%程度にします。描画色を黒に設定したら、カンバスの下部から上に向かって微妙なフェードを追加します。

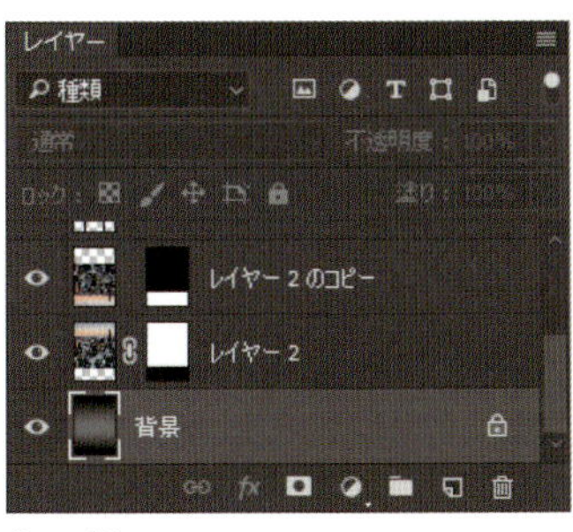
Step 10

Step 11

STEP 10 [レイヤー]パネルで一番下のグレーの[背景]レイヤーを選択し、[グラデーションツール]の[不透明度]を100%に戻したら、レイヤーの上部と下部に程良いグラデーションを加えます(上図参照)。

STEP 11 次に、格子(窓枠)の映り込みを作成しましょう。[レイヤー]パネルで黒い格子のレイヤーを選択します。[長方形選択ツール]を使い、水平ラインから下の領域全体を覆う選択範囲を作成します(上図参照)。[Ctrl] + [Shift] + [J]キー([Command] + [Shift] + [J]キー)を押して、新規レイヤーにカット&ペーストします。このレイヤーにレイヤーマスクを追加し、被写体の映り込みのときと同じようにレイヤーの下部に黒い線形グラデーションを追加して、窓枠の反射を程良くフェードします。この時点で、映り込んだ格子の位置に違和感がある場合は、画像サムネールを選択して位置を調整します。

STEP 12 [レイヤー]パネル下部の[塗りつぶしまたは調整レイヤーを新規作成]アイコンから[色相・彩度]を選択します。[属性]パネルで[色彩の統一]チェックボックスをオンにして、[色相]を198、[彩度]を24程度に設定します。最後に、この調整レイヤーが被写体の映り込みレイヤーの下、窓枠の映り込みレイヤーの上にあることを確認し、レイヤーの[不透明度]を20%程度に下げます。

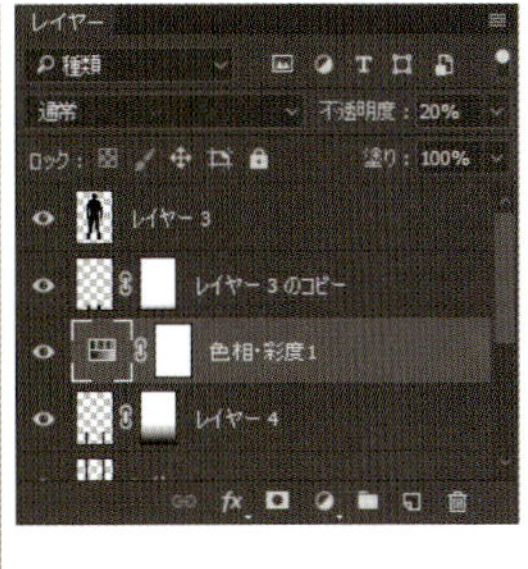

STEP 13 被写体のハイライト部分にディテールを加えましょう。メインの被写体レイヤーを選択し、［レイヤー］パネルで［透明ピクセルをロック］アイコンをクリックします。［ブラシツール］（［B］キー）を選択し、オプションバーのブラシピッカーからシンプルなソフト円ブラシを選択します。ブラシの［描画モード］を［オーバーレイ］に設定し、描画色が黒になっていることを確認したら、被写体の右腕付近のエッジに沿ってペイントします。これにより、ハイライト部分のコントラストが強まるとともにディテールが生まれます（やり過ぎないよう注意してください）。

STEP 14 背景レイヤーのすぐ上にある街のレイヤーを選択して、［フィルター］メニュー＞［ぼかし］＞［ぼかし（ガウス）］を選択します。［半径］2px程度のぼかしに設定したら［OK］をクリックし、反射した街のレイヤーにも同じことを行います（レイヤーを選択して、［Ctrl］＋［F］キー（［Command］＋［F］キー）で同じフィルター効果を適用できます）。

STEP 15 景観をよりリアルなものにするため、大気の要素を追加しましょう。［レイヤー］パネルの一番上に新規レイヤーを作成します。再度［グラデーションツール］を選択し、オプションバーで［円形グラデーション］アイコンをクリックします（他の設定は以前のままです）。［Alt］キー（［Option］キー）を押しながら空の澄んだ青の領域をクリックして、色をサンプリングします。カンバス右上のコーナー付近に円形グラデーションを追加し、このレイヤーの［不透明度］を75%に下げ、描画モードを［スクリーン］に設定します。

最後にタイトルテキストを追加して完成です。ここでは、Trajan Pro 3 Regular フォントを使用し、映画のタイトルを思わせるテキストを入れました。冒頭でも説明したとおり、このエフェクトは背景画像やその効果を置き換えるだけで、まったく別のシーンを作ることができる素晴らしいテクニックです。是非いろいろな背景で試してみてください。私が作成した最終イメージは、右ページを参照してください。

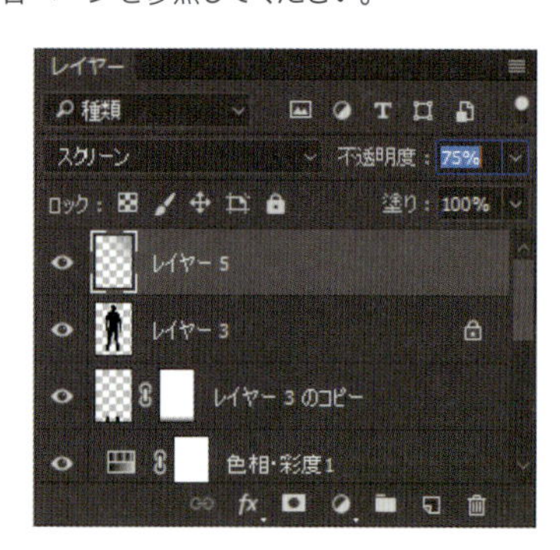

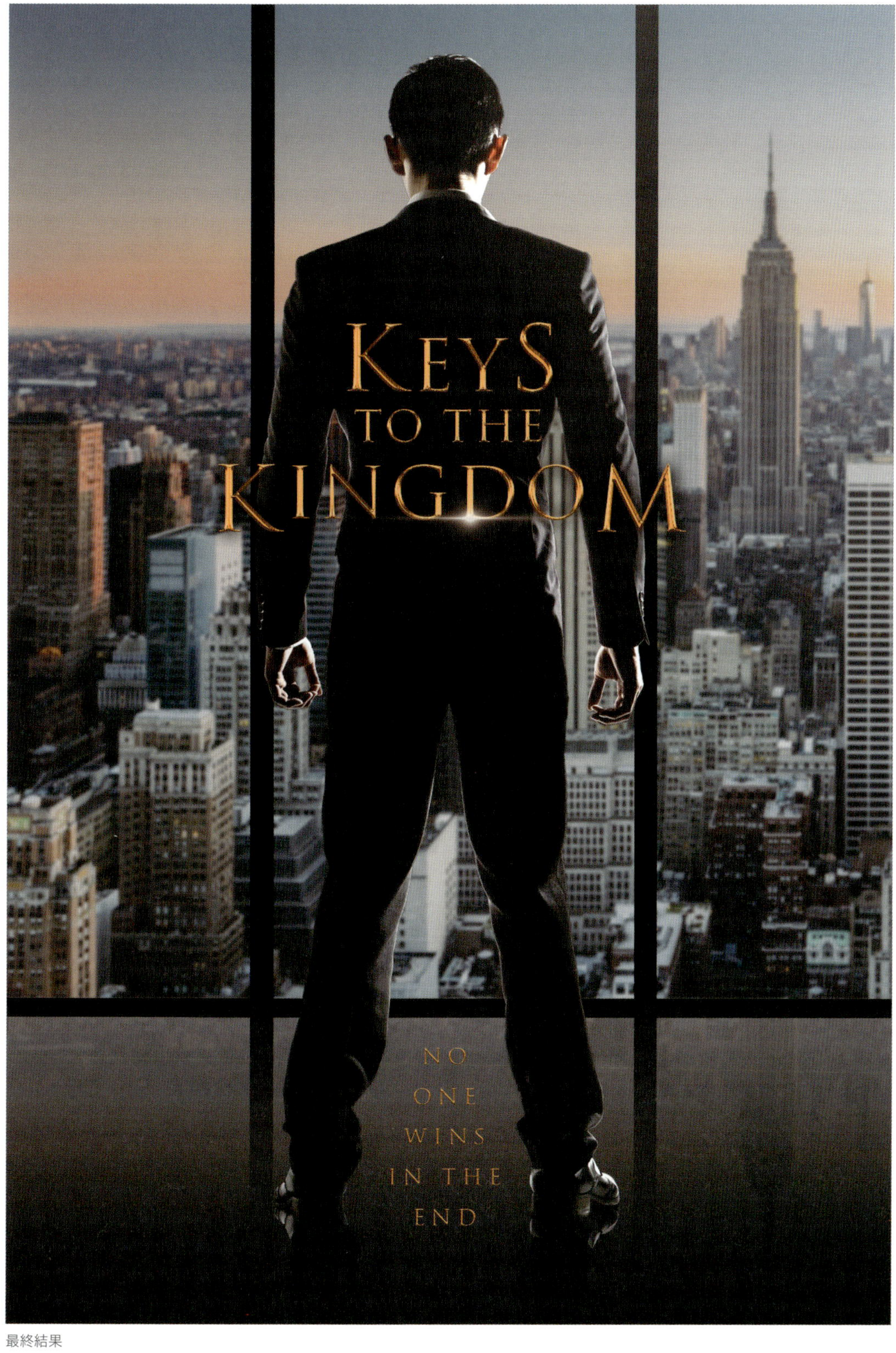

最終結果

CHAPTER NINE

3D効果を使ったデザイン

この本の読者の中に、Photoshop の 3D 機能を活用したことがあるという人はどれくらいいるでしょうか? 機能は知っていても、使ったことがないという方が多いと思います。私はレイヤースタイルと同じように普段から活用しているため、今ではデザインに欠かせないな要素となっています。3D機能で何ができるかを知っておくと、皆さんが想像しているよりもずっと多様な表現が可能になります。この章では、3D の知識がほとんど、またはまったくない方でも素晴らしい結果を得られるような濃密なテクニックをいくつか紹介します。3D をもっと学びたくなるかもしれません。

9-1 3Dを使用した手軽なマクロエフェクト

まずは写真やグラフィックに使えるクールなマクロエフェクトの作成方法を紹介します。このテクニックをテキストに使用すると、文字を至近距離で見ているような外観を作ることができます。ここではシンプルなテキストブロックを使用しますが、画像でもいろいろ試してみてください。１章で行った作業と似ていますが、この章では被写界深度を活用します。

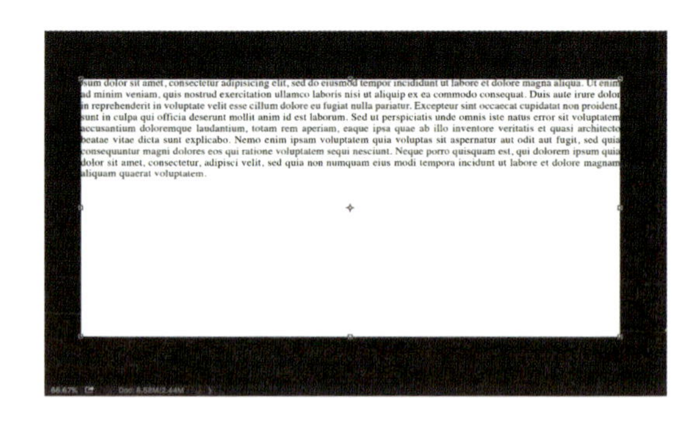

STEP 01 [Ctrl] + [N]キー（[Command] + [N]キー）を押して、[幅]2500px、[高さ]1200px、[カンバスカラー]が白の新規ドキュメントを作成します。[横書き文字ツール]（[T]キー）を選択し、描画色が黒になっていることを確認したら、ドキュメント（カンバス）と同じサイズのテキストボックスを作成します（左上のコーナーから右下のコーナーまでを矩形選択）。

STEP 02 [文字]パネル（[ウィンドウ]>[文字]）右上のフライアウトメニューから、[文字パネルを初期化]をクリックして一旦デフォルトに戻します。フォントとフォントサイズを適宜調整します（好みのフォントで構いませんが、見栄え的には欧文フォントをおすすめします。私はTimes Regularフォントの35ptに設定しました）。次に[段落]パネル（[ウィンドウ]>[段落]）に移動し、右上の[両端揃え]アイコンをクリックします。設定が完了したら、[書式]メニュー>[Lorem Ipsumをペースト]を選択します。するとフィラーテキストが配置されます（もちろん、好みのテキストを使用ても構いません）。この時点でフォントやフォントサイズなどが気に入らない場合は適宜調整し、調整が終わったらカンバスがテキストで埋まるまで[Lorem Ipsumをペースト]を繰り返します。

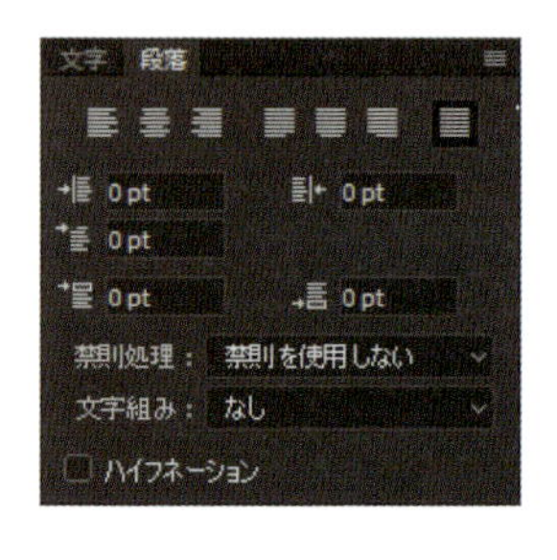

STEP 03 カンバスの中央やや左に強調したい言葉やメッセージを入力します。ここでは、すべて大文字で「STAND OUT」と入力し、赤で塗りつぶしました。

sum dolor sit amet, consectetur adipisicing elit, sed do eiusmod tempor incididunt ut labore et dolore magna aliqua. Ut enim ad minim veniam, quis nostrud exercitation ullamco laboris nisi ut aliquip ex ea commodo consequat. Duis aute irure dolor in reprehenderit in voluptate velit esse cillum dolore eu fugiat nulla pariatur. Excepteur sint occaecat cupidatat non proident, sunt in culpa qui officia deserunt mollit anim id est laborum. Sed ut perspiciatis unde omnis iste natus error sit voluptatem accusantium doloremque laudantium, totam rem aperiam, eaque ipsa quae ab illo inventore veritatis et quasi architecto beatae vitae dicta sunt explicabo. Nemo enim ipsam voluptatem quia voluptas sit aspernatur aut odit aut fugit, sed quia consequuntur magni dolores eos qui ratione voluptatem sequi nesciunt. Neque porro quisquam est, qui dolorem ipsum quia dolor sit amet, consectetur, adipisci velit, sed quia non numquam eius modi tempora incidunt ut labore et dolore magnam aliquam quaerat voluptatem. STAND OUT ipsum dolor sit amet, consectetur adipisicing elit, sed do eiusmod tempor incididunt ut labore et dolore magna aliqua. Ut enim ad minim veniam, quis nostrud exercitation ullamco laboris nisi ut aliquip ex ea commodo consequat. Duis aute irure dolor in reprehenderit in voluptate velit esse cillum dolore eu fugiat nulla pariatur. Excepteur sint occaecat cupidatat non proident, sunt in culpa qui officia deserunt mollit anim id est laborum. Sed ut perspiciatis unde omnis iste natus error sit voluptatem accusantium doloremque laudantium, totam rem aperiam, eaque ipsa quae ab illo inventore veritatis et quasi architecto beatae vitae dicta sunt explicabo. Nemo enim ipsam voluptatem quia voluptas sit aspernatur aut odit aut fugit, sed quia consequuntur magni dolores eos qui ratione voluptatem sequi nesciunt. Neque porro quisquam est, qui dolorem ipsum quia dolor sit amet, consectetur, adipisci velit, sed quia non numquam eius modi tempora incidunt ut labore et dolore magnam aliquam quaerat voluptatem.Lorem ipsum dolor sit amet, consectetur adipisicing elit, sed do eiusmod tempor incididunt ut labore et dolore magna aliqua. Ut enim ad minim veniam, quis nostrud exercitation ullamco laboris nisi ut aliquip ex ea commodo consequat. Duis aute irure dolor in reprehenderit in voluptate velit esse cillum dolore eu fugiat nulla pariatur. Excepteur sint occaecat cupidatat non proident, sunt in culpa qui officia deserunt mollit anim id est laborum. Sed ut perspiciatis unde omnis iste natus error sit voluptatem accusantium doloremque

66.67%　Doc: 8.58M/8.44M

STEP 04 ツールボックスから[移動ツール]を選択し、[3D]メニュー>[レイヤーから新規メッシュを作成]>[ポストカード]を選択します。これにより、平坦な2Dレイヤーが3D空間に配置されます。[レイヤー]パネルで、[拡散]テクスチャの下の「Lorem Ipsum～」サブレイヤーをダブルクリックし、表示されたダイアログで[OK]をクリックして、元のテキストファイルを開きます。[Ctrl]キー([Command]キー)を押しながら[レイヤー]パネル下部の[新規レイヤーを作成]アイコンをクリックして、テキストレイヤーの下に新規レイヤーを作成します。次に[Shift]+[Backspace]キー([Shift]+[Delete]キー)を押して[塗りつぶし]ダイアログを開きます。[内容]を[ホワイト]に設定し、[OK]をクリックして新しいレイヤーを白で塗りつぶします。必要に応じて、ここでもテキストを編集できます。作業が終わったら、このテキストドキュメントを閉じて変更を保存します。

STEP 05 [3D]パネル([ウィンドウ]>[3D])で[現在のビュー]を選択して、[属性]パネルで[FOV](視野)の設定を「10mm レンズ」に変更します。これにより、さらに広角のレンズになったため、非常に接近しているような感じが出ます。また、[色数]を7に設定して、とりあえず画像をぼやけたような見た目にします。次に、[レイヤー]パネルで[背景]レイヤーを選択し、[Shift]+[Backspace]キー([Shift]+[Delete]キー)を押して[塗りつぶし]ダイアログを開き、[内容]を[ブラック]に設定して黒で塗りつぶします。

STEP 06 [移動ツール]がまだ選択されていることを確認します。[レイヤー]パネルで3Dレイヤーを選択したら、オプションバーの右端にある[3Dモード]の各ツール(左から順に、回転、ロール、ドラッグ、スライド、スケール)を使い、3D空間でポストカードを操作します。ここでは「回転」「ドラッグ」「スライド(パン)」ツールを主に使用して、赤い文字が画面中央付近にくるように注意しながら、テキストを極端な角度で配置します(この時点では文字のボケ具合は気にせずに、位置のみに注力してください)。

配置が完了したら、焦点を合わせたい場所にマウスカーソルを移動し、[Alt]キー([Option]キー)を押しながらクリックします。その場所に焦点が合うはずです。何度でもやり直しが可能なので、いろいろな場所をクリックして結果の違いを確認してみてください。確認が終わったら、赤いテキスト部分に焦点が合うようにクリックして次へ進みます。

STEP 07 [3D]パネルに戻り、[フィルター：ライト]アイコン(パネル上部にある電球アイコン)をクリックしてから、下のリストで[環境]が選択されていることを確認します。続けて[属性]パネルで、[IBL](Image Based Light)チェックボックスをオフにします。これにより、基本的にライトがオフにされてカンバス全体が暗くなります。[3D]パネルに戻り、パネル下部の[シーンに新規ライトを追加]アイコン(電球アイコン)から、[新規ポイントライト]を選択します。[属性]パネルに戻り、[ビューに移動]アイコンをクリックします。再度[3D モード]の「移動」ツールを使用して、ライトを図のようにテキストのすぐ上に配置します(図の右上にある電球アイコンは、ウィンドウの外側のライトの位置を示しています)。[3D]パネルの[すべてのシーン要素](一番左のアイコン)で「ポイントライト」が選択されていないとライトの操作を行えないので注意しましょう。

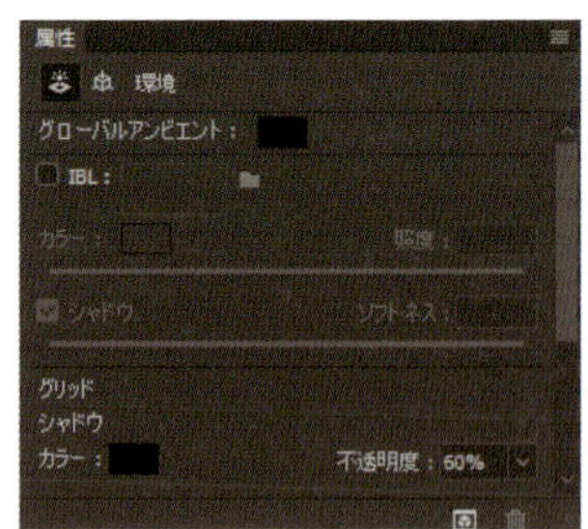

STEP 08 焦点とライトの設定が完了したら、[3D]メニュー>[3D レイヤーをレンダリング]を選択して画像をレンダリングします。調整する必要がある場合は、[Esc]キーを押していつでもレンダリングを中断できます。

私が作成した最終イメージは次のとおりです。

最終結果

9-2 3Dテキストと2Dテクスチャのクイックブレンド

先ほどのテクニックには 3D 上での操作など少し練習が必要でしたが、もっと手軽に 3D を用いたデザインを作成する方法があります。必要なのはテクスチャと少しのテキストだけです。

STEP 01 [Ctrl] + [O]キー（[Command] + [O]キー）を押して、背景として使用するテクスチャ画像(Adobe Stock「#44199161」または演習用ファイル「1_Quick3DText.jpg」※この演習用素材は、私のほうで「垂直反転」の加工を加えています)を開きます。[横書き文字ツール]（[T]キー）を選択し、中央に太めのフォントでテキストを入力します。私はFutura Extra Boldフォントを使用し、すべて大文字で「METAL」という単語を約 100pt のサイズで入力しました。またテキストカラーについては、オプションバーのカラースウォッチをクリックし、背景からライトグレーをサンプリングしています。

STEP 02 テキストを設定したら、ツールボックスから[移動ツール]を選択して、[3D]メニュー>[選択したレイヤーから新規 3D 押し出しを作成]を選択します。これにより、テキストが押し出されます。

ヒント：デフォルトの3Dビューではグリッドが表示されていますが、必要に応じて[表示]メニュー>[表示・非表示]>[3D グリッド]で表示・非表示を切り替えましょう。

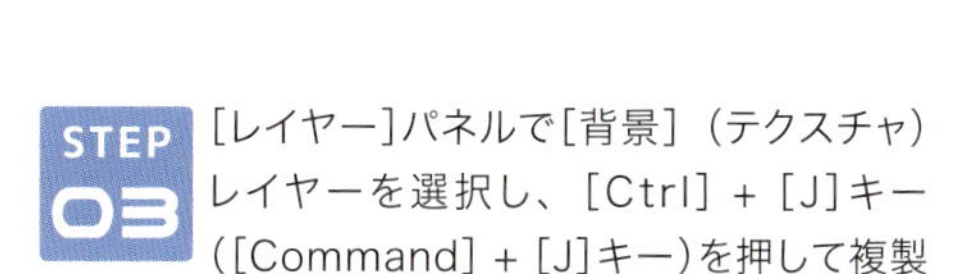

STEP 03 [レイヤー]パネルで[背景]（テクスチャ）レイヤーを選択し、[Ctrl] + [J]キー（[Command] + [J]キー）を押して複製を作成します。[3D]メニュー>[レイヤーから新規メッシュを作成]>[ポストカード]を選択します。この後、これら2つの3Dオブジェクトを結合しますが、レイヤー同士を結合する際、下のレイヤーのプロパティが用いられることに注意する必要があります。今回はテキストのライティングを維持するために、先ほど複製したレイヤーをテキストレイヤーの上に移動してから、[Ctrl] + [E]キー（[Command] + [E]キー）を押して下のレイヤーと結合します。

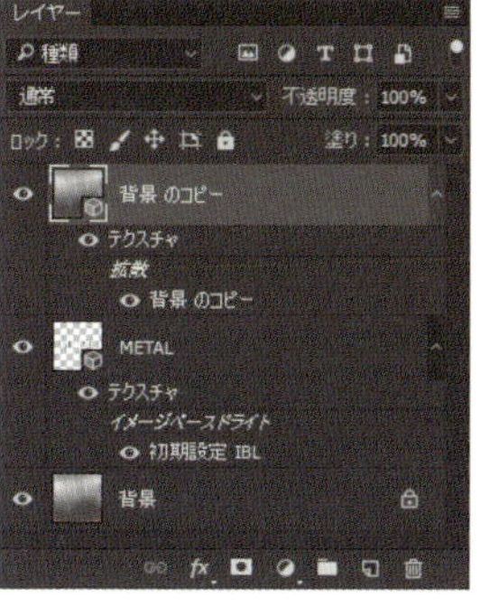

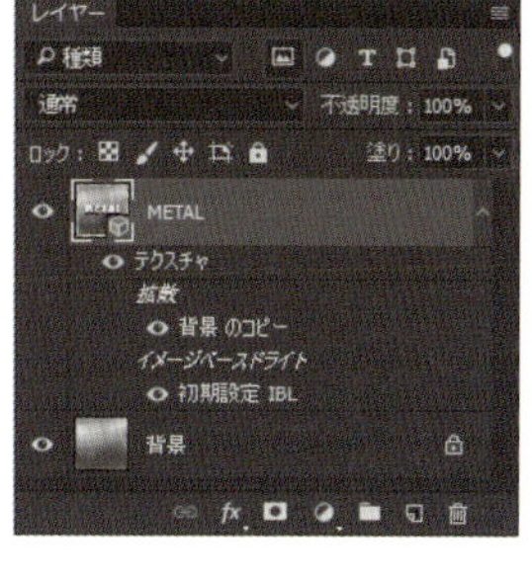

[3D]パネルで[環境]を選択します。次に、[属性]パネルで[IBL]の[照度]スライダを50%に設定します。

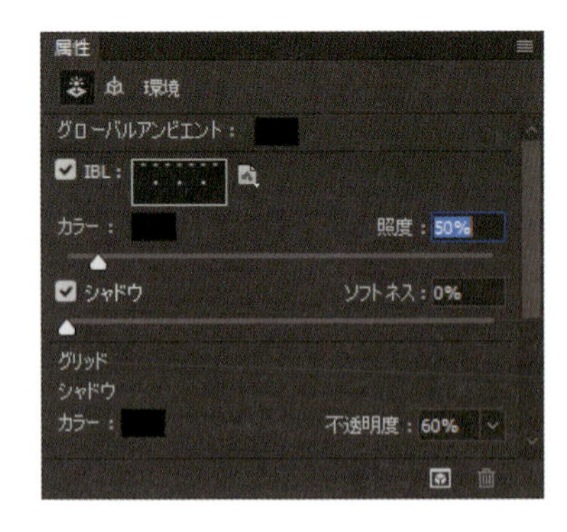

STEP 05

[3D]パネルの上部にある[フィルター：ライト]アイコンをクリックし、デフォルトの無限遠ライトが選択されていることを確認します。次に[属性]パネルへ移動し、[種類]メニューから[ポイント]を選択して、[ビューに移動]アイコンをクリックします。続けて、[照度]を104%、[ソフトネス]を50%程度に設定します。オプションバーの右端にある[3D モード]の各ツールを使用して、作成したライトをテキストの左上付近に配置します(ここではドラッグツールとスライド(パン)ツールを使用しました)。ライトを動かすと、シャドウも移動するのが分かります。

私が作成した最終イメージは次のページのとおりです。

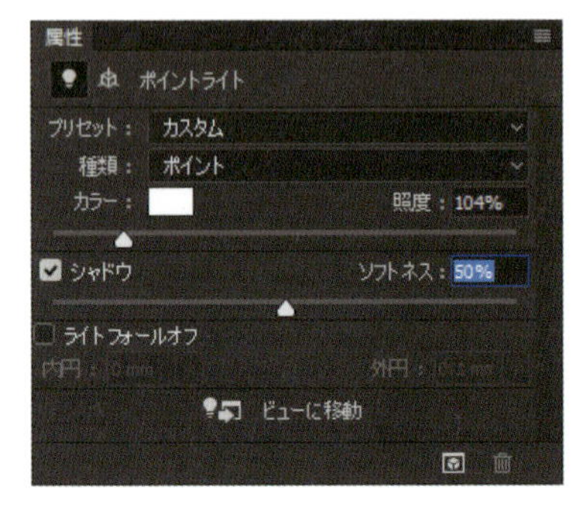

最終結果

9-3 3Dでベベル処理したテキスト

Photoshop では、レイヤースタイルを使用してテキストにベベルを適用できることがよく知られていますが（本書でも何回か使用しています）、それはエッジをベベル処理したように見せかけているにすぎません。ここで紹介する３つの簡単な 3D テクニックを使用すれば、テキストやグラフィックのエッジに実際にベベルを施すことができるほか、非常にドラマチックなライティングやテクスチャを追加することもできます。

STEP 01 [Ctrl] + [O]キー（[Command] + [O]キー）を押して、今回の演習用 PSD ファイル「2_TrueBeveled_start.psd」を開きます。このファイルには、ラスタライズされたテキストレイヤー（Mauritius Bold というフォントを使用）が含まれています。ここではこのテキストイメージを、実際の映画のタイトルロゴのようなデザインに仕上げていきます（私は別に、ローリング・ストーンズの大ファンというわけではありません）。

STEP 02 タイトルレイヤーを選択し、[3D]メニュー>[選択したレイヤーから新規 3D 押し出しを作成]を選択します。これによりタイトルが大きく押し出されますが、今回は押し出しはまったく必要ありません。

STEP 03 [3D]パネルへ移動し、リストでメインのタイトル（「The」）の項目が選択されていることを確認し、[属性]パネルで[押し出しの深さ]を1pxに設定します。

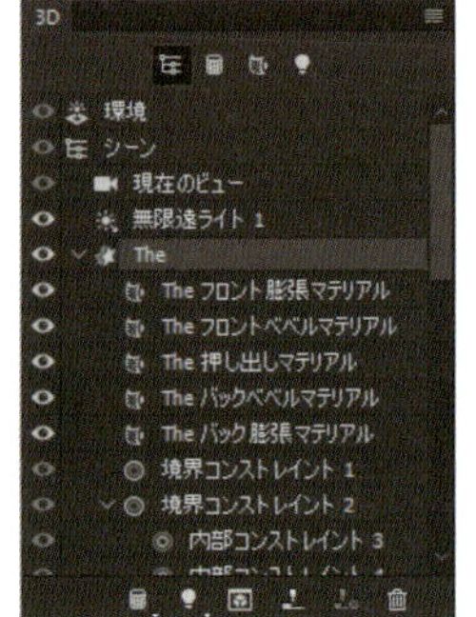

STEP 04 [3D]パネルで一番上の[環境]を選択します。次に[属性]パネルの[グリッド]セクションで、[シャドウ]の[不透明度]を0%に設定します。

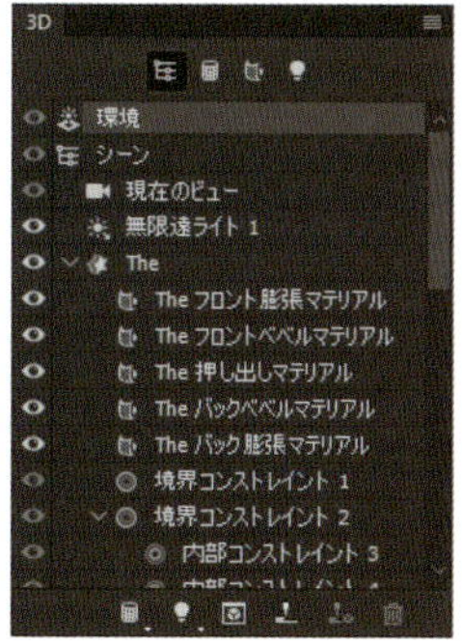

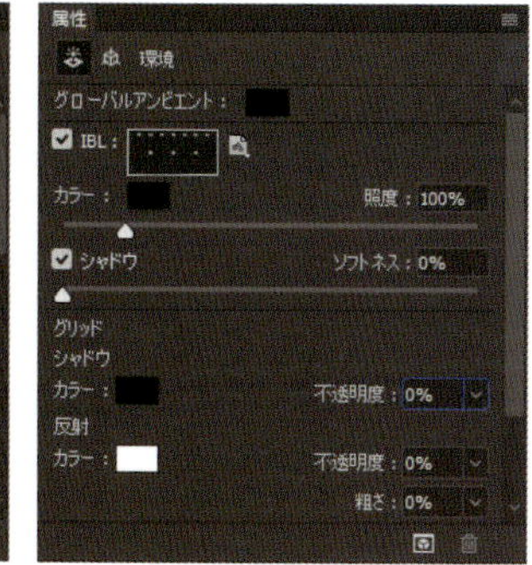

STEP 05 [3D]パネルでタイトルの項目に戻り、[属性]パネル一番上の[キャップ]アイコン(左から3番目)をクリックします。[ベベル]セクションで、[幅]を100%に設定します。

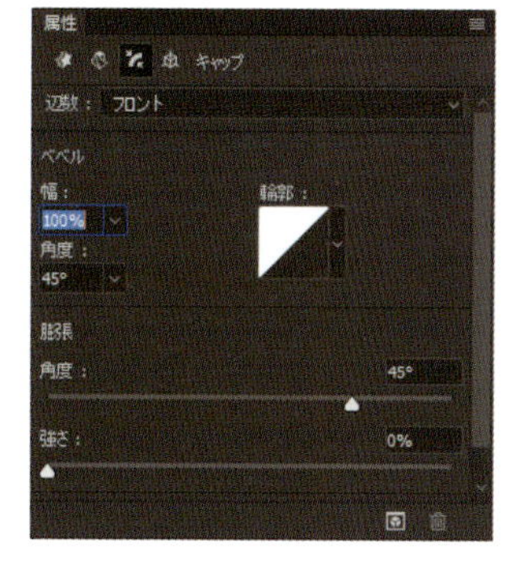

STEP 06 再度[3D]パネルに戻り、「The フロントベベルマテリアル」を選択します。[属性]パネルで、[光彩]を75%、[反射率]を100%に設定します。また、反射を和らげるために[粗さ]を10%に設定します。この時点では、テキストにデフォルトのIBL(Image Based Light)が反射しているはずです。

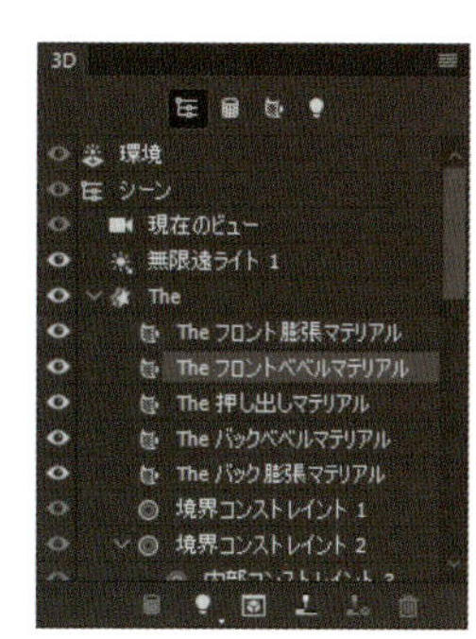

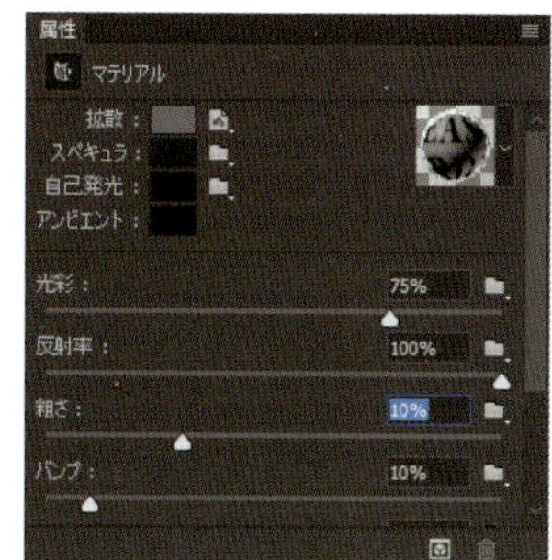

STEP 07 [3D]パネルで[環境]項目を選択し、[属性]パネルで[IBL]プレビューの右側にあるアイコンをクリックして、ポップアップメニューから[テクスチャを置き換え]を選択します。ダイアログが表示されたら、右の画像のような抽象的なクロムのテクスチャ画像（Adobe Stock「#80304449」または演習用ファイル「2_True Beveled1.jpg」※この演習用素材は、私のほうで若干色味を調整しています）を開きます。テクスチャの置き換えが完了したら、[IBL]の[照度]の設定を75%に下げます。

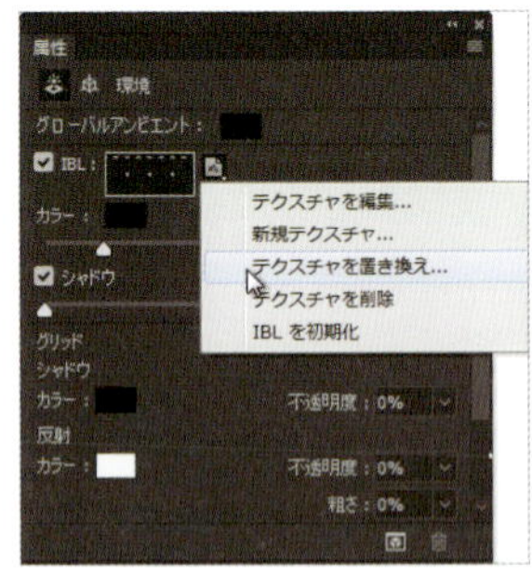

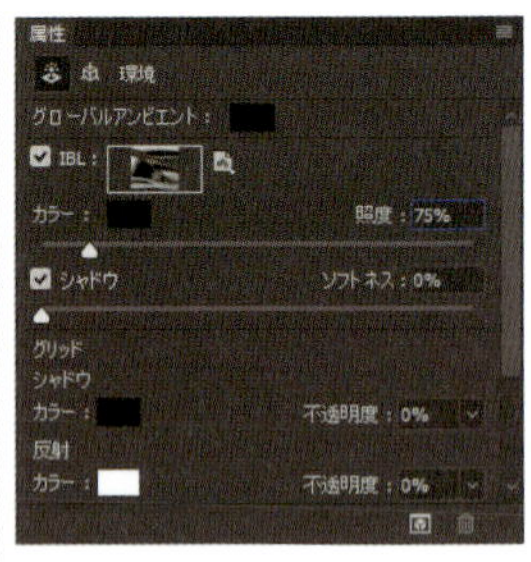

©ADOBE STOCK/ZOZULINSKYI

STEP 08 背景にはゴースト画像、中央には球体があります。これらは、IBLを配置するための視覚補助です。オプションバーの[3Dモード]の各ツールを使ってIBLを移動することで、テキストの表面をさまざまな外観に調整できます。好みの見た目になるまで調整してみてください。

STEP 09 完全に整った外観では面白みに欠けるので、ちょっとしたアレンジを加えましょう。まずはシンプルなコンクリートのテクスチャ画像（演習用ファイル「2_TrueBeveled2.jpg」）を開きます。似たようなイメージのものであれば、別のテクスチャを使っても構いません。次に、[Ctrl] + [Shift] + [U]キー（[Command] + [Shift] + [U]キー）を押して、彩度を下げます（見た目にはあまり変化が感じられないかもしれません）。[Ctrl] + [J]キー（[Command] + [J]キー）を押してこのレイヤーの複製を作成し、複製レイヤーの描画モードを[スクリーン]に変更します。この複製レイヤーをあと2〜3回複製して、さらに背景を明るくします。その後、[レイヤー]パネルのフライアウトメニューから[画像を統合]を選択して、すべてのレイヤーを1つにまとめます。[ファイル]>[別名で保存]を選択し、任意のディレクトリに「PSD形式」で保存しておきます。

STEP 10 メインドキュメントに戻り、[3D]パネルで「The フロントベベルマテリアル」を選択します。次に、[属性]パネルで[バンプ]の設定へ移動し、右側のフォルダアイコンをクリックしてポップアップメニューから[テクスチャの読み込み]を選択します。画像検索のダイアログが表示されたら、先ほど保存しておいたテクスチャファイルを選択して、[開く]をクリックします。タイトルテキストの内側に複数の小さな凹みが追加されていることを確認します。

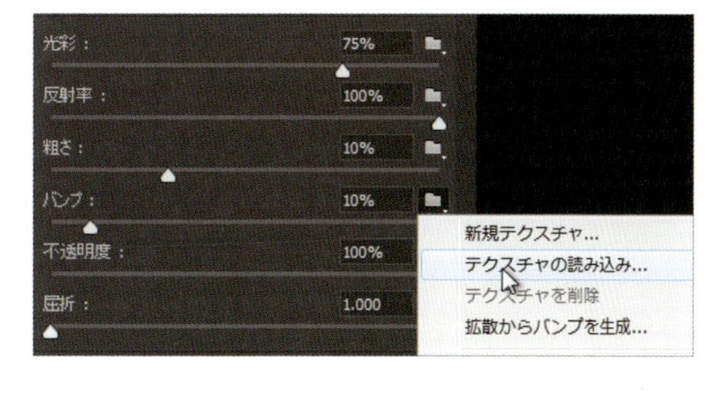

STEP 11 [バンプ]のポップアップメニュー（フォルダアイコン）を再度クリックし、[UVプロパティを編集]を選択します。ここでは、各プロパティを操作することでテクスチャをリアルタイムに変化させ、オブジェクト上で変更を確認しながら作業することができます（ただし、お使いのPCスペックによっては処理に時間がかかったり、プログラムが強制終了してしまう可能性があるので注意が必要です）。各プロパティのスライダを使って調整してもよいですが、より細かく調整したい場合は、設定項目名（プロパティ名）の上にマウスカーソルを合わせ左右にドラッグします。私は[スケール]セクションのみを調整しました。作業が終わったら[OK]をクリックして、[バンプ]設定を3%に下げます。

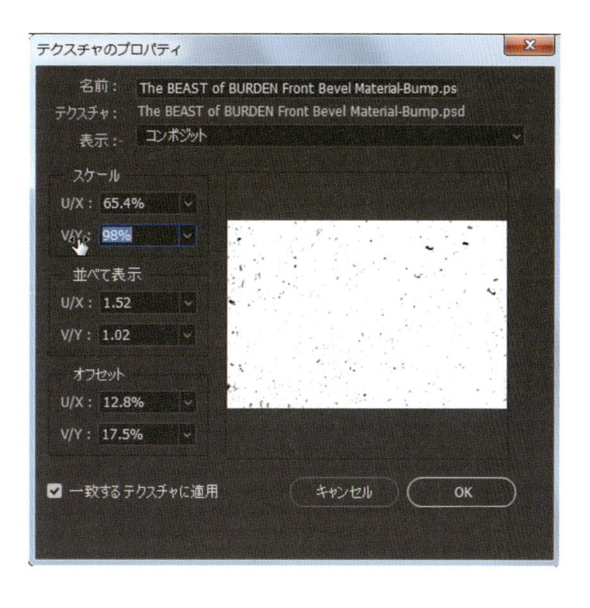

6 光を使ったデザイン
7 色を使ったデザイン
8 ハリウッド風のデザイン
9 3D効果を使ったデザイン

STEP 12 [3D]パネルに戻り、リストから「無限遠ライト1」を選択します。[属性]パネルで、[種類]メニューを[ポイント]に設定します。次に、すぐ下の[カラー]スウォッチをクリックし、カラーピッカーから黄色とオレンジの中間くらいの色（金色に近い色）を選択し、[照度]を110%程度に高めます。下部の[ビューに移動]アイコンをクリックして中央に配置したら、必要に応じて[3D モード]の各ツールを使って位置を変更します。ライトの設定が完了したら、あとは[3D]メニュー>[3D レイヤーをレンダリング]を選択して結果を確認するだけです。

私のレンダリング結果は右図のとおりです（この図では背景レイヤーの色を黒に変更しています）。本編はこれで完成ですが、さらにちょっとしたアレンジとして、小さいフレアの追加方法をサクッと紹介します。このテクニックは、第6章でも説明しているので、参考にしてみても良いです。

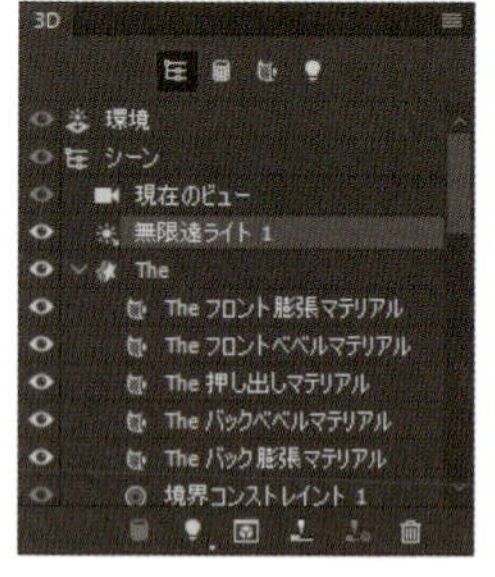

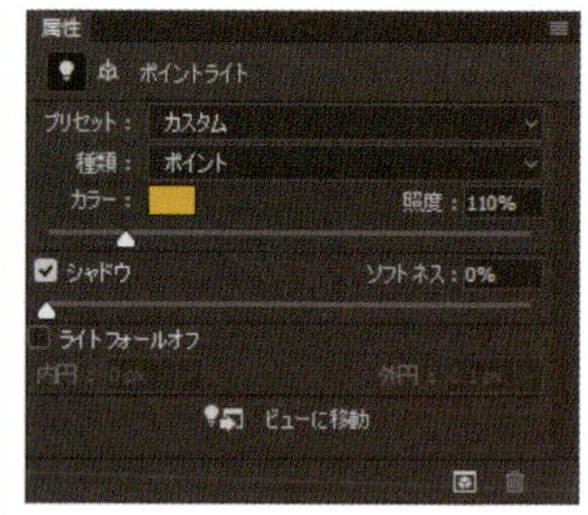

レンダリング結果

その1：テキストを変更する

テキストの色を金色にしたい場合は、[3D]パネルで[環境]をクリックして、[IBL]ポップアップメニューから[テクスチャを編集]を選択し、クロムのIBL 画像を開きます。

[レイヤー]パネル下部の[塗りつぶしまたは調整レイヤーを新規作成]アイコンをクリックして、[色相・彩度]を選択します。[属性]パネルで[色彩の統一]チェックボックスをオンにして、[色相]を約35、[彩度]を約50に設定します。IBL 画像を閉じて変更を保存すれば、金色の文字の完成です。

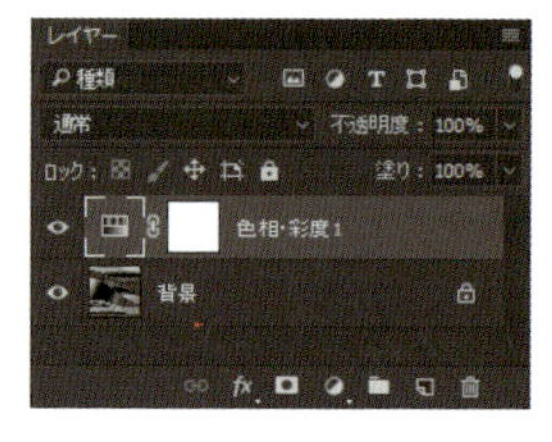

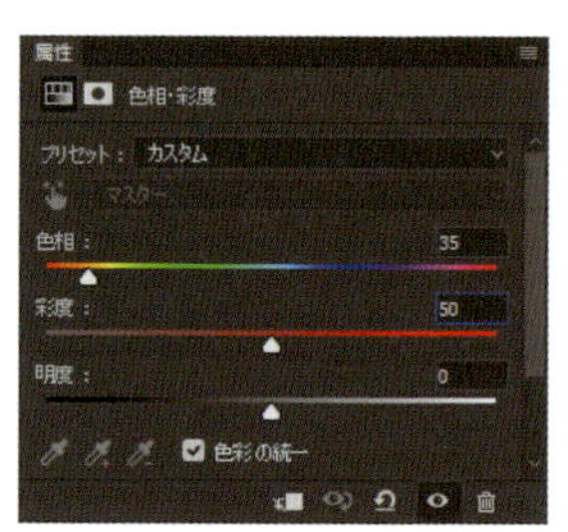

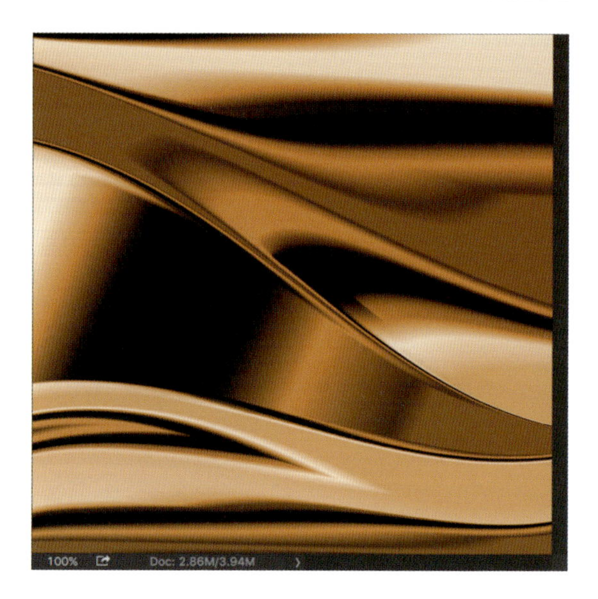

その2：テキストの変更

今回使用している演習用ファイルでは、タイトルテキストがラスタライズされているためまったく同じ方法は使えませんが、仮にテキストレイヤーを使用している場合のテキスト調整方法をご紹介します。

まず[3D]パネルへ移動し、リストからメインのテキストの項目を選択します。[属性]パネルの下部で、[ソースを編集]ボタンをクリックして元のテキストファイルを開きます。ここで、好きなようにテキストを変更できます。下の例では、フォントの太さをBoldからRegularに変更して、「The」という単語を削除しました。テキストファイルを閉じて変更を保存すれば、すべての3Dエフェクトが保持されたままテキストが更新されます。加えた変更によっては微調整が必要になるかもしれませんが、もう一度最初からやり直すよりはずっと楽です。また前述のとおり、ラスタライズされたテキストの場合はこのようなテキスト修正（フォントや太さの変更など）は行えませんが、ここでの編集自体は結果に反映されるので、編集の流れだけでも把握しておくと良いかもしれません。

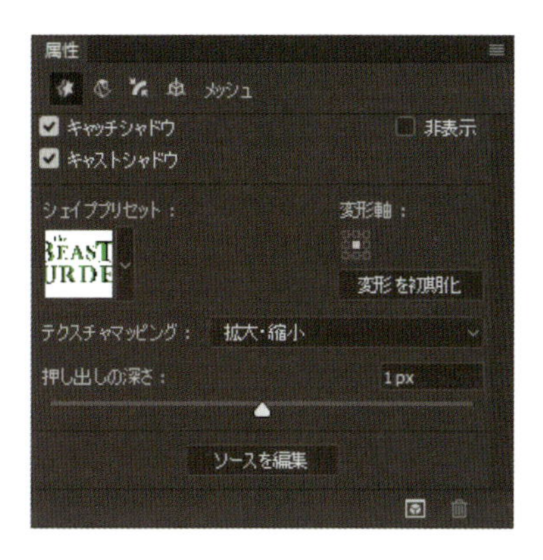

調整後のイメージ

Photoshopレタッチの超時短レシピ

最短ルートで魅力的なビジュアルに仕上げるデザインテクニック集

2017年3月25日　初版第1刷 発行

著　者　Corey Barker
発行人　村上 徹
翻　訳　株式会社 Bスプラウト
編　集　堀越 祐樹
発　行　株式会社 ボーンデジタル
〒102-0074
東京都千代田区九段南 1-5-5
Daiwa 九段ビル
Tel：03-5215-8671　Fax：03-5215-8667
www.borndigital.co.jp/book/
E-mail：info@borndigital.co.jp

レイアウト　梅田 美子（株式会社 Bスプラウト）
印刷・製本　株式会社 東京印書館

ISBN：978-4-86246-367-8
Printed in Japan